冯威 姜坤 编

U0277399

ZHEJIANG UNIVERSITY PRESS
浙江大学出版社

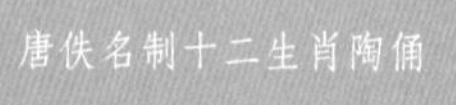

唐佚名制十二生肖陶俑

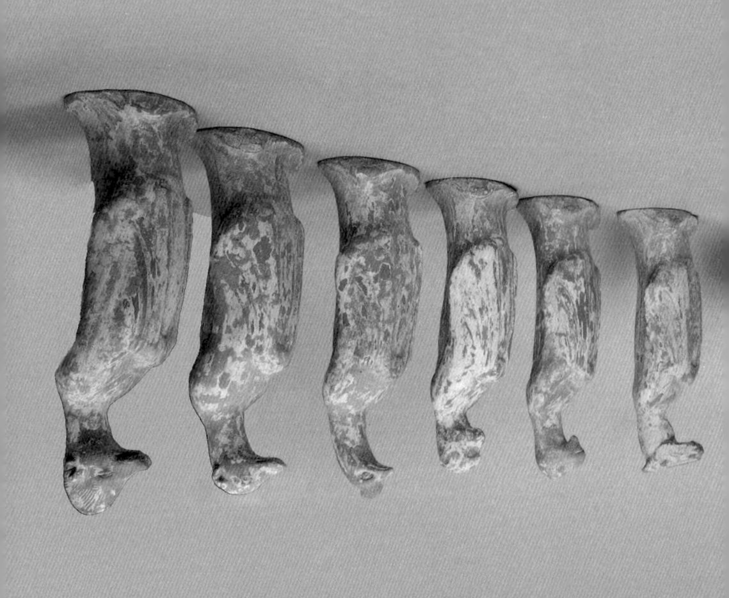

大學之道在明明德在親民在
止於至善

一月 一日

唐颜真卿书《颜勤礼碑》《清远道士诗》

《大学》选句（清刘墉书）

大学之道，在明明德，在亲民，在止于至善。

知止而后有定定而后能静静而后能安而后能慮慮而后能得

一月二日

《大学》选句（清刘墉书）

知止而后有定，定而后能静，静而后能安，安而后能虑，虑而后能得。

古之欲明明德於天下者先治
其國欲治其國者先齊其家欲
齊其家者先脩其身欲脩其
身者先正其心欲正其心者先
誠其意欲誠其意者先致其知
致知在格物

一月 三日

北魏佚名书《高树造像记》

《大学》选句（清刘墉书）

古之欲明明德于天下者，先治其国。欲治其国者，先齐其家。欲齐其家者，先修其身。欲修其身者，先正其心。欲正其心者，先诚其意。欲诚其意者，先致其知。致知在格物。

物格而后知至知至而后意誠
意誠而后心正心正而后身脩
身脩而后家齊家齊而后國
治國治而后天下平

一月四日

元赵孟𫖯书《三门记》

《大学》选句（清刘墉书）

物格而后知至，知至而后意诚，意诚而后心正，心正而后身修，身修而后家齐，家齐而后国治，国治而后天下平。

所謂誠其意者毋自欺也如惡惡臭如好好色此之謂自謙故君子必慎其獨也

一月 五日

北魏王远书《石门铭》

《大学》选句（清刘墉书）

所谓诚其意者，毋自欺也。如恶恶臭，如好好色，此之谓自谦。故君子必慎其独也。

經本各一通付太常史
守府毀所不知書備解難固
及傳記論語即諂所技宅以名司
夕寶講堂以桑當試壹勞而之逸暫書西
張琀司空兼集曹掾居達厲尹弘雜議
隱之士𥴩標聖術說難傳義文指係畼以
雅也遜訴讟石匹書經字立於大學絕言
文隆暑炎赫非倉辛所成可須秋涼按

一月 六日

唐柳公权书《玄秘塔碑》

东汉蔡邕等书“熹平石经”拓片（局部）

自汉武帝“独尊儒术”，《诗》《书》《礼》《易》《春秋》成为法定“五经”。东汉熹平四年（175 年），蔡邕等向汉灵帝奏允，将“五经”定本并《公羊传》和《论语》，亲自书丹于 46 块石碑，使工匠镌刻，立于洛阳城南的太学讲堂。整个书写和刊刻工程于东汉光和六年（183 年）竣工，史称“熹平石经”，因以隶书一种字体写成，又称“一体石经”。

□□□□□□□□□□□□□□□□□□□龍无首吉
憂九四有命无咎檮羅齒九五休婦大人吉亓亡亓亡擊于枹桑尚九頃婦先不後喜
妾吉九四好掾君子吉小人不九五嘉掾貞吉尚九肥掾先不利
人兇武人迵于大君九四禮虎尾朔朔終吉九五夬禮貞厲尚九視禮巧翔亓睘元吉
□邑人三百□□省六三食舊德貞厲或從王事无成九四不克訟復即命俞貞吉九五
□大□　　庸弗克攻吉九五同人先號桃後芙大師克相遇尚九同人于茭无悔
之得邑人之茲九四可貞无咎九五无孟之疾勿樂有喜尚九无孟之行有省无攸利
咎九四枹无魚正兇九五以忌枹苽含章或損自天尚九狗亓角閵无咎
□三□□熏心六四根亓躳六五根亓肞言有序悔亡尚九敦根吉
攸往六四童牛之鞫元吉六五哭豨之牙吉尚九何天之瞿亨
□兇六五貫魚食宮人籠无不利尚九石果不食君子得車小人剝蘆
弗損益之六三三人行則損一人一人行則得亓友六四損亓疾事端有喜无咎六五益之十傰之龜弗
□二枹蒙吉入婦吉子克家六三□不有躳

一月 七日

七日

唐薛稷书《信行禅师碑》

西汉佚名书《周易》（局部）

《周易》也称《易经》，内容包括《经》和《传》两部分。《经》传为周文王和周公所作，包括64卦、384爻及其说明（卦辞和爻辞）。《传》相传为孔子所作，包含对卦辞和爻辞的解释共10篇，合称《十翼》。

《周易》源于上古占卜术，被奉为儒经之首与汉武帝“独尊儒术”直接相关。西汉马王堆汉墓出土帛书中包括《周易》，抄写时间被认为是公元前2世纪前期的汉文帝初年。

富潤屋德潤身心廣體胖

一月 八日

南宋张即之书《金刚经》

《大学》选句（清刘墉书）

富润屋，德润身，心广体胖。

所謂脩身在正其心者身有所
忿懥則不得其正有所恐懼則
不得其正有所好樂則不得其
正有所憂患則不得其正

一月 九日

北魏佚名书《北海王元详造像记》

《大学》选句（清刘墉书）

所谓修身在正其心者，身有所忿懥，则不得其正；有所恐惧，则不得其正；有所好乐，则不得其正；有所忧患，则不得其正。

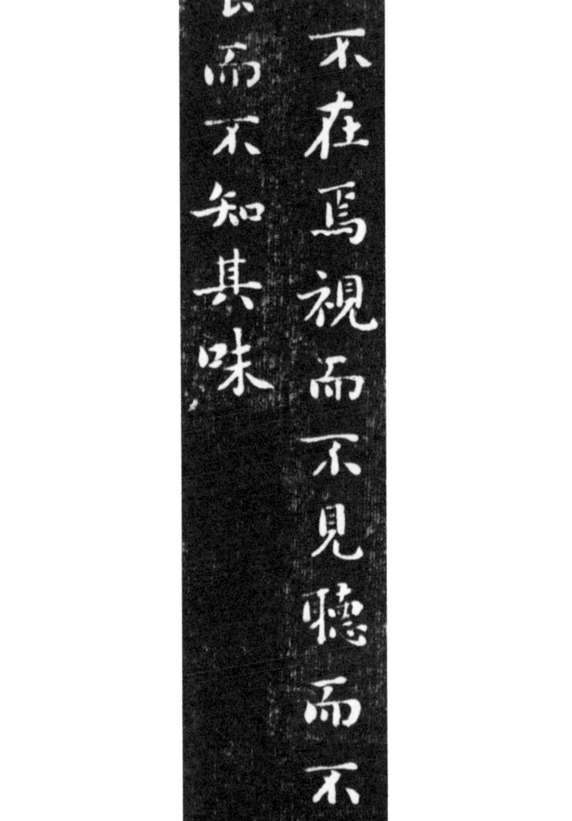
心不在焉視而不見聽而不聞
食而不知其味

一月十日

十日

唐欧阳询书《九成宫醴泉铭碑》

《大学》选句（清刘墉书）

心不在焉，视而不见，听而不闻，食而不知其味。

所謂齊其家在脩其身者人之
其所親愛而辟焉之其所賤惡
而辟焉之其所畏敬而辟焉之
其所哀矜而辟焉之其所敖惰
而辟焉

《大学》选句（清刘墉书）

所谓齐其家在修其身者，人之其所亲爱而辟焉，之其所贱恶而辟焉，之其所畏敬而辟焉，之其所哀矜而辟焉，之其所敖惰而辟焉。

好而知其惡惡而知其美者天下鮮矣

一月 十二日

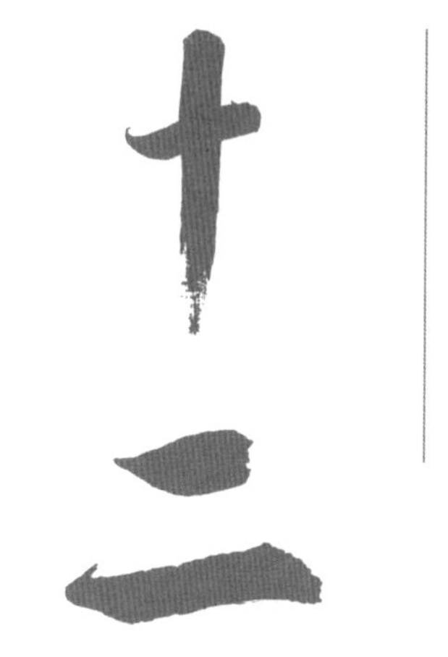

南宋张即之书《双松图歌卷》

《大学》选句（清刘墉书）

好而知其恶，恶而知其美者，天下鲜矣。

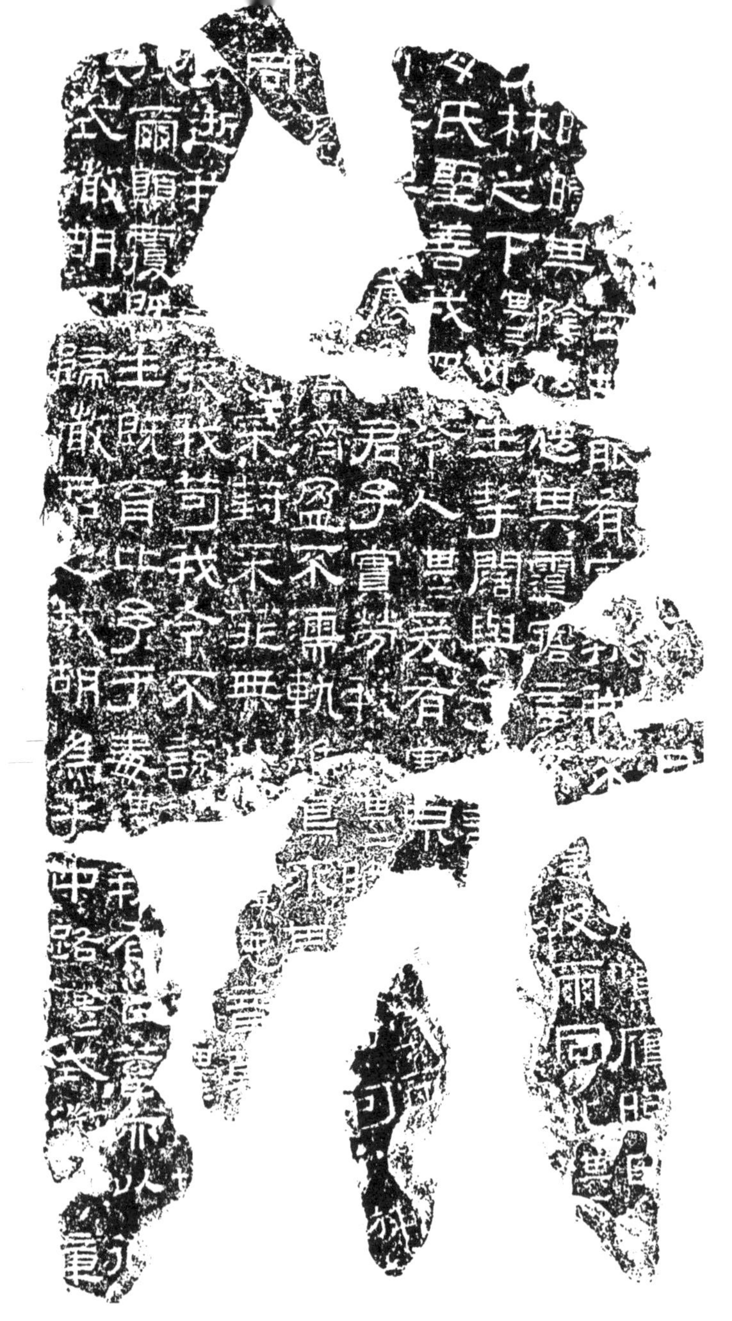

服有
德其靈君
王手閒與之
齊人其哀有
君子實劳我
濟盈不乘軌
乘對禾能無
我苟我今不
生既肓卬子于
歸敬宮之我朗各

东汉蔡邕等书“熹平石经”之《诗经》拓片（局部）

《诗经》是中国古代第一部诗歌总集，收集西周初年至春秋中期的诗歌共305篇。经过周王室对民间歌谣的长期采集和编排，在孔子时代之前已经形成四言诗集《诗》，包括地方歌谣（风）、正声雅乐（雅）和祭祀乐歌（颂）三部分。周代各诸侯国之间交往和贵族之间社交，往往以《诗》唱和应对，所以，孔子说“不学《诗》，无以言”。史传，孔子曾编订《诗》，供弟子学习使用。西汉时，《诗》被尊为儒家经典，始称《诗经》。《诗经》在汉代有四种版本，“熹平石经”选用的是最忠于原意的《鲁诗》。

大事休朕卜并吉肆予告我友邦君越尹氏庶士御事曰予得吉卜予惟以爾庶邦于伐殷逋
害不違卜肆予沖人永思艱曰於戲允蠢鰥寡哀哉予造天役遺大投艱于朕身越予沖人不卬自
上帝命天休于寧王興我小邦周寧王惟卜用克綏受茲命今天其相民矧亦惟卜用於戲天明
圖事肆予大化誘我友邦君天棐忱辭其考我民予曷其不于前寧人圖功攸終天亦惟用
肯堂矧肯構厥父菑厥子乃弗肯播矧肯穫厥考翼其肯曰予有後弗棄基肆予曷敢
惟十人迪知上帝命越天棐忱爾時罔敢易法矧今天降戾于周邦惟大艱人誕鄰
極卜敢弗于從率寧人有指疆土矧今卜并吉肆朕誕以爾東征天命不僭卜陳惟
邦采衛百工播民和見士于周周[illegible]咸勤乃洪大誥治王若曰孟侯朕其
怙冒聞于上帝帝休天乃大[illegible][illegible]王壹戎殷誕受厥命越厥邦厥民惟
遠惟商耇成人宅心知訓別求聞由古先哲王用康保民弘于
惟小子乃服

貞公其以予萬億年敬
命曰汝受命篤弼不視功載乃汝其悉自教工孺子其
永有辭公曰已汝惟沖子惟終汝其敬識百辟享亦識其有
蘉乃時惟不永哉篤敘乃正父罔不若予不敢廢乃命汝
惇宗將禮稱秩元祀咸秩無文惟公德明光于[illegible][illegible]勤施于四方
方迪亂未定于宗禮亦未克敉公功迪將其後監我士師工誕保文[illegible]受
予來承保乃文祖受命民越乃光烈考武王弘朕恭孺子來相宅其大敦
答其師作周孚先考朕昭子刑乃單文祖德伻來毖殷乃命寧予以秬鬯二卣曰明
敘萬年其永觀朕子懷德戊辰王在新邑烝祭歲文王騂牛一武王騂牛一王命作冊
保文武受命惟七年

东汉蔡邕等书“熹平石经”之《尚书》拓片（局部）

《尚书》原名《书》，是中国商周两代重要历史文献汇编集。史载，孔子曾编订《尚书》，用作教材。由于遭受秦代“焚书”之劫，汉初以口耳相传加以整理的今文（隶书）版《尚书》与稍后发现于孔子故宅的古文（大篆）版多有不同。“熹平石经”所选《尚书》为今文本。

所謂治國必先齊其家者其家不可教而能教人者無之故君子不出家而成教於國

一月　十五日

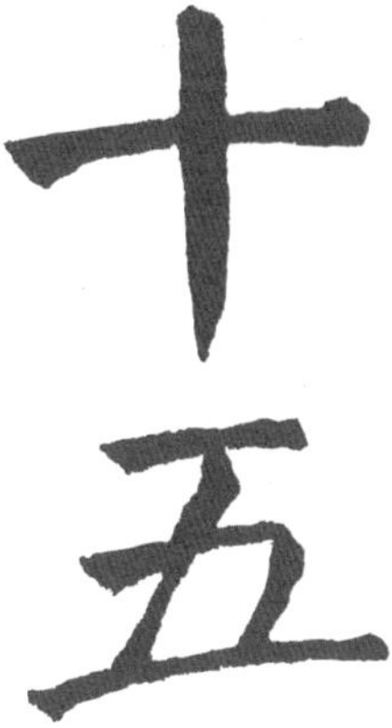

十五

唐颜真卿书《麻姑仙坛记》

《大学》选句（清刘墉书）

所谓治国必先齐其家者，其家不可教而能教人者，无之。故君子不出家而成教于国。

一家仁一國興仁一家讓一國
興讓一人貪戾一國作亂其機
如此

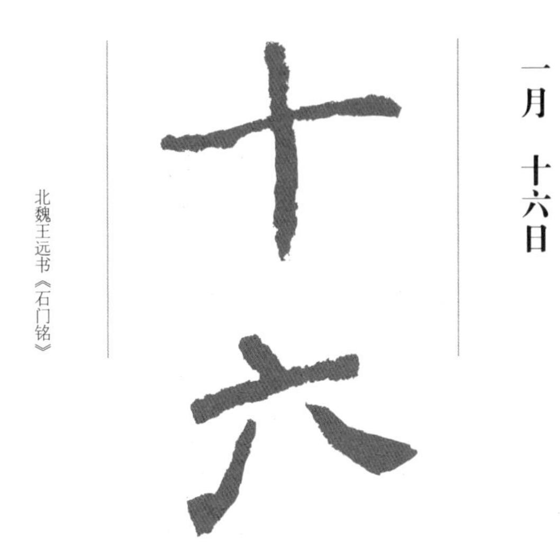

《大学》选句（清刘墉书）

一家仁，一国兴仁；一家让，一国兴让；一人贪戾，一国作乱，其机如此。

君子有諸己而后求諸人無諸
己而后非諸人所藏乎身不恕
而能喻諸人者未之有也

一月 十七日

唐柳公权书《神策军碑》

《大学》选句（清刘墉书）

君子有诸己而后求诸人，无诸己而后非诸人。所藏乎身不恕，而能喻诸人者，未之有也。

宜其家人而后可以教國人

一月 十八日

十八

唐王知敬书《李靖碑》

《大学》选句（清刘墉书）

宜其家人，而后可以教国人。

宜兄宜弟而后可以教國人

一月 十九日

十九

唐欧阳询书《皇甫诞碑》

《大学》选句（清刘墉书）

宜兄宜弟，而后可以教国人。

士相見之禮摯冬用
雉夏用居左梪奉之
曰某也願見無由達
某子以命命某見

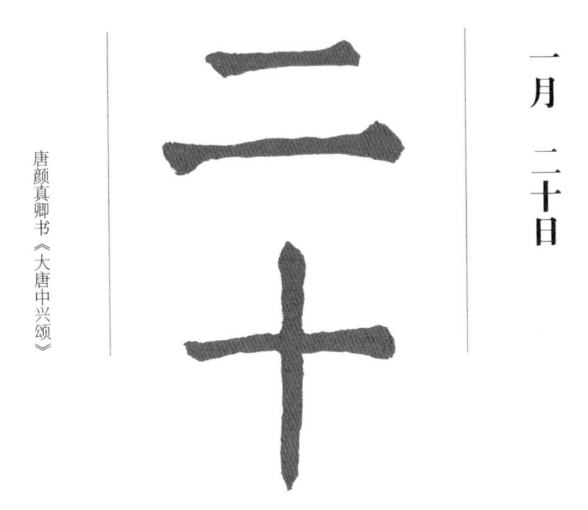

一月 二十日

唐颜真卿书《大唐中兴颂》

汉佚名书《仪礼》（局部）

《仪礼》是春秋战国时期的礼制汇编集，以记载士大夫礼仪为主体，涉及冠、婚、丧、祭、乡、射、朝、聘等各种仪节。《仪礼》约在东周成书，后经孔子采辑和编订。此书传至汉代也称《士礼》或《礼经》，东晋始名《仪礼》。

1959年，在甘肃凉州磨嘴子汉墓中出土简牍（史称“武威汉简”）中，包括469枚、计27298字《仪礼》简，含《士相见》《服传》《丧服》等篇。这批简约书写于西汉末至东汉初年，是目前所见《仪礼》最早写本。

一月 廿一日

北魏佚名书《一弗为张元祖造像记》

东汉蔡邕等书“熹平石经”之《春秋》拓片（局部）

《春秋》是周代鲁国编年体史书，记载从鲁隐公元年（前722年）至哀公十四年（前481年）的鲁国历史。《春秋》原为鲁国官方教材，孔子据以编订。《春秋》记事语言简练，字里行间暗含褒贬，世称“春秋笔法”，奠基中国史书主流写作风格。

所謂平天下在治其國者上老老而民興孝上長長而民興弟上恤孤而民不倍是以君子有絜矩之道也

一月 廿二日

北魏佚名书《北海王元详造像记》

《大学》选句（清刘墉书）

所谓平天下在治其国者，上老老而民兴孝，上长长而民兴弟，上恤孤而民不倍。是以君子有絜矩之道也。

所惡於上毋以使下所惡於下
毋以事上所惡於前毋以先後
所惡於後毋以從前所惡於右
毋以交於左所惡於左毋以交
於右此之謂絜矩之道

一月 廿三日

唐颜真卿书《多宝塔碑》

《大学》选句（清刘墉书）

所恶于上，毋以使下，所恶于下，毋以事上；所恶于前，毋以先后；所恶于后，毋以从前；所恶于右，毋以交于左；所恶于左，毋以交于右。此之谓絜矩之道。

君子先慎乎德有德此有人有
人此有土 有土此有財有財此
有用

一月 廿四日

唐颜真卿书《麻姑仙坛记》

《大学》选句（清刘墉书）

君子先慎乎德。有德此有人，有人此有土，有土此有财，有财此有用。

言悖而出者亦悖而入貨悖而入者亦悖而出

一月　廿五日

唐虞世南书《孔子庙堂碑》

《大学》选句（清刘墉书）

言悖而出者，亦悖而入；货悖而入者，亦悖而出。

見賢而不能舉舉而不能先命
也見不善而不能退退而不能遠
過也

一月　廿六日

唐颜真卿书《自书告身》

《大学》选句（清刘墉书）

见贤而不能举，举而不能先，命也；见不善而不能退，退而不能远，过也。

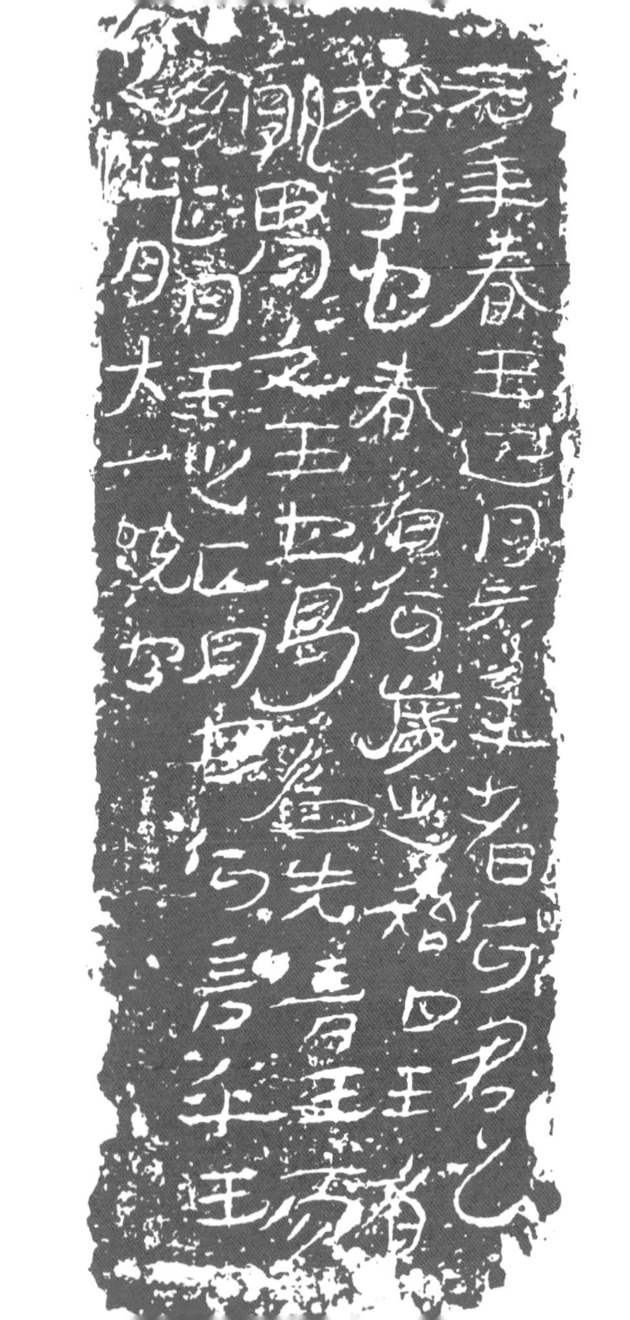

一月　廿七日

廿七

唐颜真卿书《颜氏家庙碑》

东汉佚名书《公羊传》砖刻拓片

《春秋》文字简古，后人难解，故解说之作丛出，被称为“传”。西汉，《春秋》研究大兴。其中，公羊高所作《公羊传》、穀梁赤所作《穀梁传》与相传先秦左丘明所作《左氏传》（简称《左传》）合称“春秋三传”，最为著名。《公羊传》《穀梁传》成书于西汉初年，用当时通行的隶书写成，称为今文本，侧重评论史实。汉代，《公羊传》强调“大一统”思想，较《穀梁传》更受推崇，故被选入“熹平石经”。

《左传》于西汉年间被发现于孔子故宅中，称为古文本，以更多的历史细节取胜。自唐初以来，《左传》影响力越来越大，成为《春秋》标配读物。

一月 廿八日

北魏佚名书《北海王元详造像记》

东汉蔡邕等书“熹平石经”之《论语》拓片（局部）

《论语》是孔子及其弟子的语录集，为孔子弟子及其门人汇辑编撰而成。西汉流传于世的《论语》，有《鲁论》《齐论》和孔子故宅出土的《古论》三个版本。西汉末年，安昌侯张禹依据《鲁论》厘定《论语》，参取鲁、齐两版，合定为《张侯论》版《论语》。这是“熹平石经”所用版本，作为定本流传至今。

《论语》本是一部个人著作，位列“子书”。虽然汉武帝尊儒之后儒家地位提升，但《论语》在汉代的大部分时期被看作附属于“经”的“传”或“记”。直到入选“熹平石经”，《论语》才首次从“传”“记”升为“经”，初步取得儒学核心经典的地位。

君子有大道必忠信以得之驕
泰以失之

一月 廿九日

北魏萧显庆书《孙秋生造像记》

《大学》选句（清刘墉书）

君子有大道：必忠信以得之，骄泰以失之。

生財有大道生之者衆食之者
寡為之者疾用之者舒則財恒
足矣

《大学》选句（清刘墉书）

生财有大道：生之者众，食之者寡，为之者疾，用之者舒，则财恒足矣。

仁者以財發身不仁者以身發財

一月 卅一日

北魏佚名书《张黑女墓志》

《大学》选句（清刘墉书）

仁者以财发身，不仁者以身发财。

食色性也

二月 一日

日

唐颜真卿书《颜勤礼碑》

《孟子》选句（近代溥儒书）

食色，性也。

權然後知輕重度然後知長短

二月 二日

二日

唐柳公权书《神策军碑》

《孟子》选句（近代溥儒书）

权，然后知轻重；度，然后知长短。

二月衛遷于帝丘

鄭伯捷卒衛人

晉侯重耳卒

使國歸父來聘

于葬晉文公

師伐邾晉人伐

公至自齊乙巳公薨于

人陳人鄭人伐許

文公第六

元年春王正月公即

葬服來會葬夏四月

來錫公命晉侯伐衛

公孫敖會晉侯于戚

君頵公孫敖如齊

師戰于彭衙秦師

二月 三日

三日

北魏佚名书《北海王元详造像记》

曹魏邯郸淳书“正始石经”拓片（局部）

从东汉后期开始，古文经逐渐取代今文经为学者所推崇。魏代汉而立，齐王曹芳正始二年（241 年）刻制《尚书》《春秋》二经和部分《左传》，采用古文经，世称“正始石经”。“正始石经”用大篆、小篆和隶书三种文字写刻，又称“三体石经”。“正始石经”与“熹平石经”并立于洛阳太学，历代屡遭毁损，只有一些残石留存至今。

二月 四日

唐艾居晦等书“开成石经”原石近影

为统一儒学思想，唐太宗李世民诏命孔颖达等撰修《五经正义》，对《诗》《书》《礼》《易》和《春秋》重新注解。此后，又有学者对《周礼》《仪礼》《穀梁传》《公羊传》四部经典进行注解，与《五经正义》合称《九经正义》。

至唐文宗太和年间，郑覃等建议依汉故事再刻石经。石经工程浩大，由艾居晦等四人以楷书书丹，从太和七年（833年）开始至开成二年（837年）完成，共刻《周易》《尚书》《诗经》《周礼》《仪礼》《礼记》《春秋左氏传》《公羊传》《穀梁传》《孝经》《论语》《尔雅》12种经书，史称“开成石经”。石经计227块碑石，现基本保存完好，是西安碑林博物馆的镇馆之宝。

自反而缩雖千萬人吾往矣

二月 五日

北魏王远书《石门铭》

《孟子》选句（近代溥儒书）

自反而缩，虽千万人吾往矣。

夫志氣之帥也氣體之充也

夫志至焉氣次焉故曰持其

志無暴其氣

二月　六日

六日

唐柳公权书《玄秘塔碑》

《孟子》选句（近代溥儒书）

夫志，气之帅也。气，体之充也。夫志至焉，气次焉。故曰：持其志，无暴其气。

志壹則動氣氣壹則動志也

二月 七日

北魏佚名书《张黑女墓志》

《孟子》选句（近代溥儒书）

志壹则动气，气壹则动志也。

我善養吾浩然之氣

二月　八日

南宋张即之书《金刚经》

《孟子》选句（近代溥儒书）

我善养吾浩然之气。

詖辭知其所蔽淫辭知其所
陷邪辭知其所離遁辭知其所
窮

二月 九日

唐薛稷书《信行禅师碑》

《孟子》选句（近代溥儒书）

诐辞知其所蔽，淫辞知其所陷，邪辞知其所离，遁辞知其所穷。

則冠而蟬有緌兄則死而皐之為衰虫兄死者也言其有裹之不為兄死如蠏有匡蟬有緌不為蠶之績范之冠也范蜂也蟬蜩也緌謂蟬喙長在腹下也

樂正子春之母死五日而不食曰吾悔之勉强過礼也子春曾子弟子也自吾母而不得吾情吾惡用吾情惡於何也

歲旱穆公召縣子而問然之言為焉也凡椁或作緣也曰天久不雨吾欲暴尪而奚若奚若何如也尪者面向天覬天哀而雨之曰天則不雨而暴人之疾子虐無乃不可與錮疾人所哀暴之是虐也然則吾欲暴巫而奚若曰天則不雨而望之愚婦人於以求之無乃已疏乎已猶甚也巫主接神亦覬天哀而雨之也春秋傳說巫曰在女曰巫在男曰覡周礼女巫旱暵則舞雩也徙市則奚若曰天子崩巷市七日諸侯薨巷市三日為之徙市不亦可乎徙市者庶民之喪礼也今徙市是憂戚於旱若喪也

孔子曰衛人之祔也離之祔謂合葬也離之有以閒其椁中也魯人之祔也合之善夫善魯人也祔葬當合也

禮記第三卷　廿六張

二月 十日

十日

唐褚遂良书《阴符经》

唐佚名书《礼记》

《礼》包括《仪礼》《礼记》《周礼》，是儒经今文版和古文版调和的产物。在汉武帝确定的“五经”中，《礼》仅指《仪礼》。《周礼》原名《周官》，以记载官制为主要内容，成书于战国时期。东汉末年，经学大师郑玄将《周官》改名为《周礼》，使之一度成为“礼”学最高经典。《礼记》成书于西汉中晚期，定位为“记”，还不是严格意义上的“经”。在唐初编订的《五经正义》中，《礼记》取代《仪礼》和《周礼》，上升为经。“开成石经”则“三礼”尽收。此页唐人写本《礼记》出自敦煌遗书。

爾雅卷下

釋草第十三　釋木第十四
釋蟲第十五　釋魚第十六
釋鳥第十七　釋獸第十八
釋畜第十九　郭璞注

爾雅卷下

唐艾居晦等书“开成石经”之《尔雅》拓片（局部）

《尔雅》意为“接近雅言”，是中国古代最早解释词义的辞书，后世经学家多用以考证解释儒家经典古义。《尔雅》收词语 4300 余个，分为 2091 个条目、19 大类，涉及社会生活、天文地理、动物植物等领域，堪称中国古代的百科全书。《尔雅》作者未有定论。现代学者一般认为，它由秦汉间学者写作、西汉学者整理加工而成。汉代，《尔雅》便被视为儒家重要著作之一，但直至“开成石经”刻成才首次升为“经”。

無惻隱之心非人也無羞惡
之心非人也無辭讓之心非
人也無是非之心非人也

二月十二日

北魏佚名书《北海王元详造像记》

《孟子》选句（近代溥儒书）

无恻隐之心，非人也；无羞恶之心，非人也；无辞让之心，非人也；无是非之心，非人也。

仁者如射射者正己而後發
發而不中不怨勝己者反求
諸己而已矣

二月 十三日

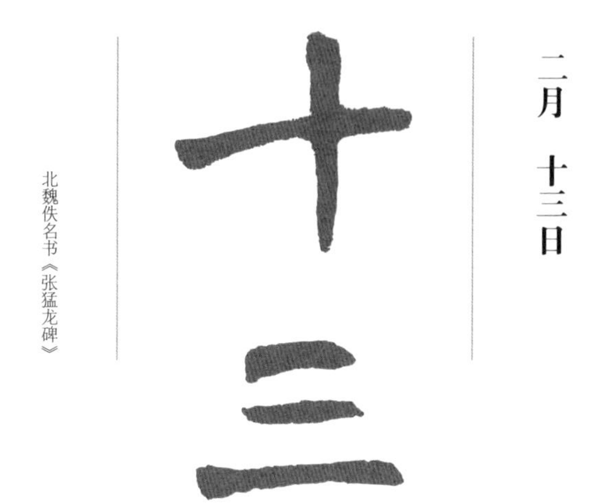

《孟子》选句（近代溥儒书）

仁者如射：射者，正己而后发；发而不中，不怨胜己者，反求诸己而已矣。

善與人同舍己從人樂取於人以為善

二月 十四日

隋佚名书《苏孝慈墓志》

《孟子》选句（近代溥儒书）

善与人同，舍己从人，乐取于人以为善。

君子之德風也小人之德草
也草尚之風必偃

二月 十五日

十五

唐颜真卿书《麻姑仙坛记》

《孟子》选句（近代溥儒书）

君子之德，风也；小人之德，草也。草尚之风，必偃。

得志與民由之不得志獨行其道

二月 十六日

北魏王远书《石门铭》

《孟子》选句（近代溥儒书）

得志，与民由之；不得志，独行其道。

二月 十七日

唐徐浩书《不空和尚碑》

十七

唐李隆基书“石台《孝经》”原石旧影

《孝经》是孔子弟子曾子及其门生的作品。《孝经》全书1800余言，强调孝为德本，对天子、庶民等各阶层的行为伦理进行了系统阐发。

汉代以降，历代帝王都提倡“孝治天下”，十分重视《孝经》在启蒙教育和国家治理中的导向作用。隋唐时期，《孝经》备受推崇。唐玄宗李隆基曾颁行御注《孝经》，亲自以隶书书丹，并于唐玄宗天宝四年（745年）诏命镌碑。原碑由四石合成，四面刻字，高达6.2米，碑座由三层石台组成，史称“石台《孝经》”，现藏西安碑林。此图为百年前“石台《孝经》”旧照，周围建构与今日不同。

凡祭祀[illegible]攝位
[illegible]王后不與則[illegible]
[illegible]后不與則攝
[illegible]大賓客則攝
[illegible]朝覲會同則爲上
相大喪亦如之王哭諸侯
亦如之王命諸侯則儐國
有大故則旅上帝及四望
王大封則先告后土乃頒
祀于邦國都[illegible]
小宗伯之職掌建[illegible]
右社稷左宗廟[illegible]
兆五帝[illegible]四望四類亦如之
兆山川丘陵墳衍各因其
[illegible]五禮之禁令[illegible]
[illegible]辨廟祧之昭穆[illegible]

[illegible]牲[illegible]以歲時序其祭祀[illegible]
[illegible]牲[illegible]頒于職人凡祭
祀之卜日宿爲期詔相其
禮眡滌濯亦如之祭之日
表齍盛告絜展器陳告備
及果築鬯相治小禮誅其
[illegible]
[illegible]凡祭祀禮成則告事畢
大賓客涖筵几築鬯贊果

享祼用[illegible]皆有舟
其朝踐用兩獻尊其再獻
用兩象尊皆有罍[illegible]
用兩山尊皆有罍[illegible]
所昨也凡六彝六尊之酌
鬱齊獻酌醴齊縮酌盎齊涗酌
凡酒脩酌大喪存奠彝
[illegible]几五席之名物
司几筵掌五几五席之名
物辨其用與其位凡大朝
覲大饗射凡封國命諸侯
王位設黼依依前南鄉設
莞筵紛純加繅席畫純加
次席黼純左右玉几祀先
王昨席亦如之諸侯祭祀
席蒲筵繢純加莞席紛純
[illegible]

[illegible]王[illegible]王凡
[illegible]諸侯之五儀[illegible]
之五等之命上公九命爲伯
其國家宮室車旗衣服
禮儀皆以九爲節侯伯
七命其國家宮室車旗衣服
禮儀皆以七爲節子男五
命其國家宮室車旗衣服
禮儀皆以五爲節王之三
公八命其卿六命其大夫
四命及其出封皆加一等
其國家宮室車旗衣服
禮儀亦如之[illegible]

[illegible]與其[illegible]
與其[illegible]
世婦[illegible]
祀比其具
帥六宮之[illegible]
內宗[illegible]
[illegible]亦如[illegible]
[illegible]如之朝[illegible]
[illegible]王后[illegible]

二月 十八日

六

唐褚遂良书《雁塔圣教序》

北宋杨南仲等书“嘉祐石经”拓片（局部）

唐时，《孟子》尚未升格入“经”。因此，“开成石经”中原无《孟子》。现存“开成石经”中的《孟子》乃是清康熙年间集字刻成。

《孟子》首次入“经”，乃在北宋石经中。北宋石经刊刻于庆历元年（1041 年）至嘉祐六年（1061 年），史称“嘉祐石经”。经文用篆、楷二体书写，也称“二体石经”，石碑立于开封国子监。“嘉祐石经”共刻《易》《书》《诗》《周礼》《礼记》《春秋》《论语》《孝经》和《孟子》九经。至此，唐宋之际声望日隆的《孟子》正式入选官刻“石经”。现“嘉祐石经”有少量残石存世，珍如星凤。

富貴不能淫貧賤不能移威
武不能屈

二月 十九日

唐欧阳询书《皇甫诞碑》

《孟子》选句（近代溥儒书）

富贵不能淫，贫贱不能移，威武不能屈。

愛人不親反其仁治人不治
反其智禮人不答反其敬
行有不得者皆反求諸己其
身正而天下歸之

《孟子》选句（近代溥儒书）

爱人不亲，反其仁；治人不治，反其智；礼人不合，反其敬。行有不得者皆反求诸己，其身正而天下归之。

聲聞過情君子恥之

二月 廿一日

唐颜真卿书《多宝塔碑》

《孟子》选句（近代溥儒书）

声闻过情，君子耻之。

胸中正则眸子瞭焉胸中不
正则眸子眊焉聽其言也觀
其眸子人焉廋哉

二月 廿二日

唐颜真卿书《东方画赞碑》

《孟子》选句（近代溥儒书）

胸中正，则眸子瞭焉；胸中不正，则眸子眊焉。听其言也，观其眸子，人焉廋哉？

恭者不侮人儉者不奪人

二月 廿三日

唐柳公权书《玄秘塔碑》

《孟子》选句（近代溥儒书）

恭者不侮人，俭者不夺人。

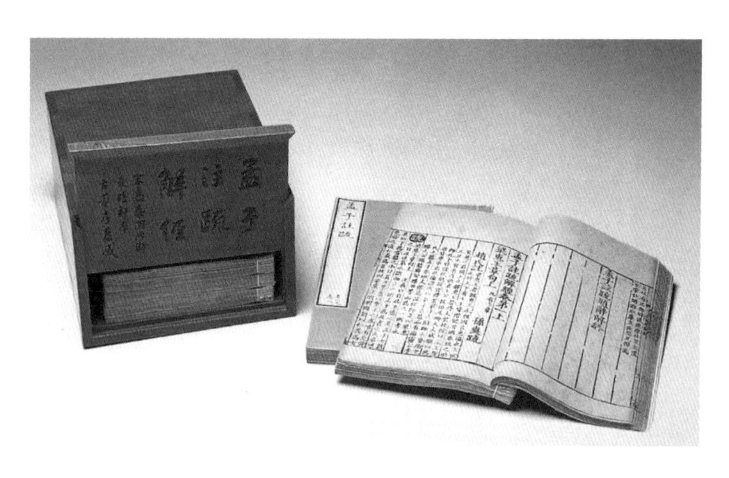
孟子
注疏
解經

二月 廿四日

唐颜真卿书《麻姑仙坛记》

南宋《孟子注疏解经》书影

《孟子》是战国时期儒家代表人物孟孔子（名轲）的言论汇编，由孟子及其弟子编撰而成。北宋熙宁四年（1071 年），王安石进行科举改革，首次将《孟子》列入取士科目。元丰六年（1083 年），孟子被追封为“邹国公”。南宋时期，在大儒朱熹的助力下，《孟子》入选“四书”。此后，孟子便备受元、明、清几代统治者和学人推崇，成为地位仅次于孔子的“亚圣”。

南宋宁宗时期，两浙东路茶盐司负责出版的《孟子注疏解经》是《孟子》注疏合刻本之始，其中对东汉赵岐注解部分进行再注解（义疏）的是北宋经学家孙奭。这部书是北宋时期《孟子》流行的反映。

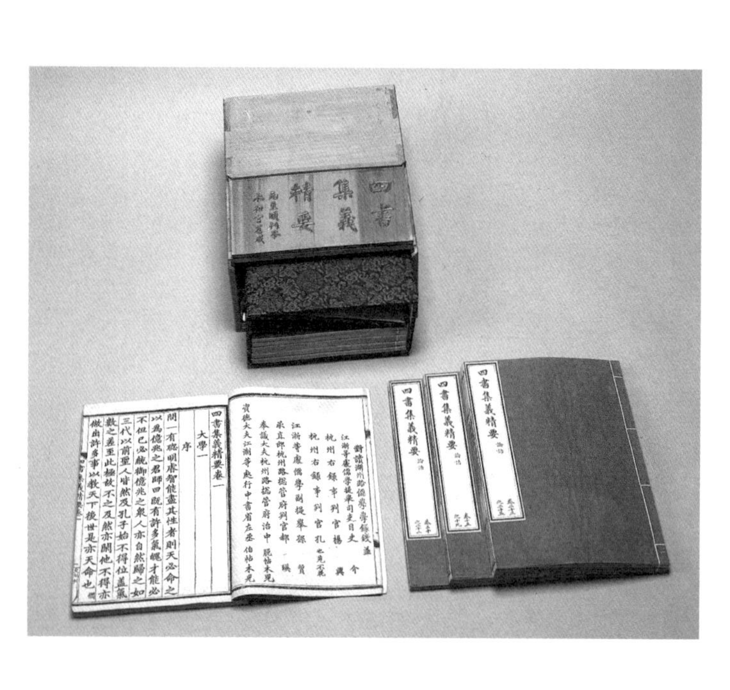
四書集義精要
四書集義精要卷一
大學一
序
四書集義精要
四書集義精要
四書集義精要

二月 廿五日

廿五

唐柳公权书《神策军碑》

元《〈四书集义〉精要》书影

南宋理学大师朱熹富有创意地将《论语》《孟子》和从《礼记》中单独抽出的《大学》《中庸》两章合编为“四书”并亲自注释，史称《四书章句集注》，从而构筑了一个小型而完整的儒学思想读本。

元皇庆二年（1313年）恢复科举，指定《四书章句集注》为答案标准。从此，“四书”地位开始超越“五经”，经明清两代而完全成为儒学经典的代称。

南宋学者将朱子著作有关部分辑为《四书集义》100卷。元初人又将它精编为28卷本《〈四书集义〉精要》。

人之患在好为人师

二月 廿六日

北魏佚名书《北海王元详造像记》

《孟子》选句（近代溥儒书）

人之患，在好为人师。

大人者不失其赤子之心者也

二月　廿七日

廿七

唐柳公权书《神策军碑》

《孟子》选句（近代溥儒书）

大人者，不失其赤子之心者也。

友也者友其德也不可以有
挟也

二月 廿八日

北魏佚名书《北海王元详造像记》

《孟子》选句（近代溥儒书）

友也者，友其德也，不可以有挟也。

頌其詩讀其書不知其人可乎是

以論其世也

二月 廿九日（闰年）

唐颜真卿书《麻姑仙坛记》

《孟子》选句（近代溥儒书）

颂其诗，读其书，不知其人，可乎？是以论其世也。

己所不欲勿施於人

三月 一日

唐欧阳询书《九成宫醴泉铭碑》

《论语》选句（清人书）

己所不欲，勿施于人。

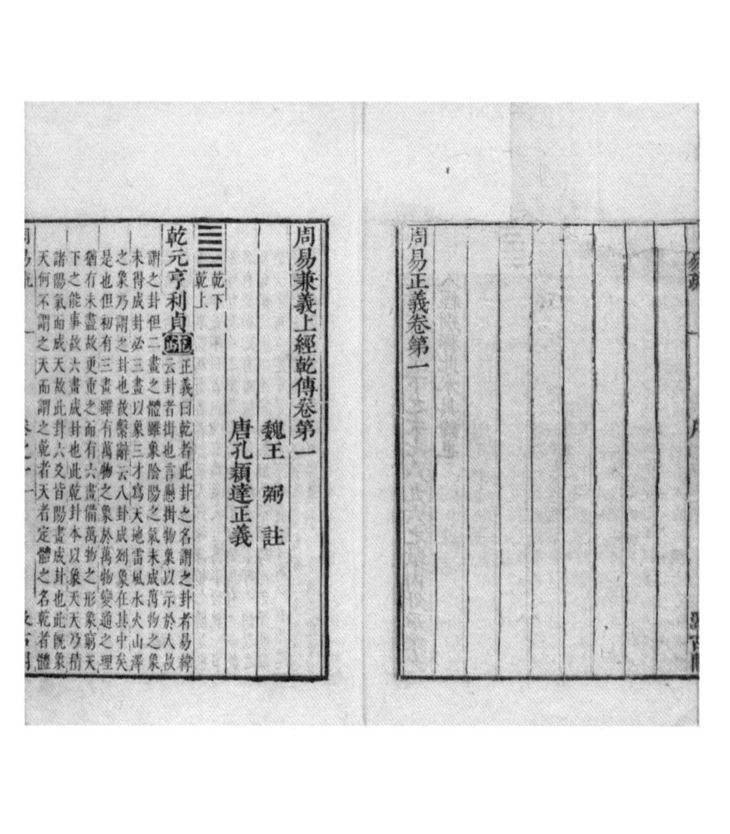

周易正義卷第一

周易兼義上經乾傳卷第一

魏王弼註

唐孔穎達正義

䷀乾下乾上

乾元亨利貞【疏】正義曰乾者此卦之名謂之卦者易緯云卦者掛也言懸掛物象以示於人故謂之卦但二畫之體雖象陰陽之氣未成萬物之象未得成卦必三畫以象三才寫天地雷風水火山澤之象乃謂之卦也故繫辭云八卦成列象在其中矣是也但初有三畫雖有萬物之象於萬物變通之理猶有未盡故更重之而有六畫備萬物之形象窮天下之能事故六畫成卦也此乾卦本以象天天乃積諸陽氣而成天故此卦六爻皆陽畫成卦也此既象天何不謂之天而謂之乾者天者定體之名乾者體

明毛晋刊《十三经注疏》内页

《孟子》升“经”之后，南宋绍熙年间开始合刻《十三经注疏》，标志着儒家“十三经”结集完成。《十三经注疏》在明朝嘉靖、万历、崇祯年间都曾刊行，清乾隆年间又有武英殿聚珍本。清嘉庆年间，学者阮元主持重刻《十三经注疏》，以宋本为主，广校唐石经等古本，并撰《校勘记》附卷末，作为史上最佳版本流传至今。

此页古籍出自明末清初藏书家和出版家毛晋主持刊刻的汲古阁本《十三经注疏》，实为据明万历年间本的翻刻本。

清蒋衡书"乾隆石经"原石旧影

清雍乾年间，江苏金坛士子蒋衡一人楷书"十三经"全文，共计 62.8 万字，历时 12 年完成，1739 年由江南河道总督高斌裱册呈贡。乾隆五十六年（1791 年），乾隆钦命和珅、刘墉等大臣负责考订蒋书经文，动工刻石。乾隆五十九年（1794 年），碑石竣工，共 189 块，立于北京太学，史称"乾隆石经"。"乾隆石经"是中国古代最后一部官刻儒家石经。蒋衡墨迹现存于台北故宫博物院，刻石现存于北京孔庙。

"乾隆石经"原存放于北京国子监东西六堂。此页旧照约摄于 20 世纪 20 年代，记录了原石陈列原状。

好仁不好學其蔽也愚好知不
好學其蔽也蕩好信不好學其
蔽也賊好直不好學其蔽也絞
好勇不好學其蔽也亂好剛不
好學其蔽也狂

三月　四日

四日

唐欧阳询书《九成宫醴泉铭碑》

《论语》选句（清人书）

好仁不好学，其蔽也愚；好知不好学，其蔽也荡；好信不好学，其蔽也贼；好直不好学，其蔽也绞；好勇不好学，其蔽也乱；好刚不好学，其蔽也狂。

可與言而不與之言失人不可
與言而與之言失言知者不失
人亦不失言

《论语》选句（清人书）

可与言而不与之言，失人；不可与言而与之言，失言。知者不失人，亦不失言。

郭白原丙護賁繪人彤諒參柔

三月　六日

唐柳公权书《玄秘塔碑》

《论语》选句（清人书）

躬自厚而薄责于人，则远怨矣。

富與貴是人之所欲也不以其
道得之不處也貧與賤是人之
所惡也不以其道得之不去也

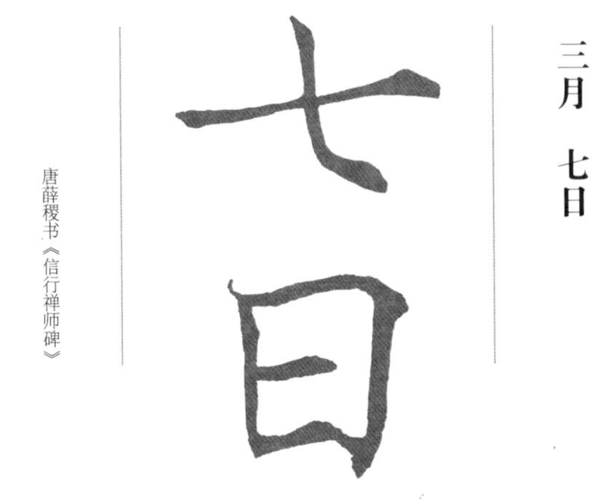

《论语》选句（清人书）

富与贵，是人之所欲也；不以其道得之，不处也。贫与贱，是人之所恶也；不以其道得之，不去也。

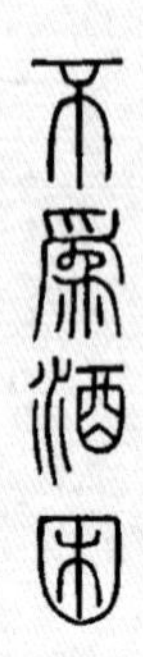
不為酒困

三月 八日

唐虞世南书《孔子庙堂碑》

《论语》选句（清人书）

不为酒困。

三月 九日

唐徐浩书《不空和尚碑》

（传）北宋李唐绘《晋文公复国图》之“投璧明誓”

晋文公（重耳）是春秋时期晋国国君，“春秋五霸”之一。据《左传》记载，晋献公二十二年（前655年），尚为公子的重耳被迫出走，度过长达19年的流亡生活。在众人辅佐之下，他最终回国继位，励精图治，成为中原盟主。

传为北宋画家李唐的《晋文公复国图》选择六个关键故事描绘，高潮部分是第五个故事——投璧明誓。公元前636年春，重耳一行到达黄河岸边，准备回国。此时，一直随他历经苦难的舅舅狐偃故意试探：“我有太多过错，请求离去。”重耳手指黄河，誓与舅舅同心，并投璧于河作证。后来，重耳兑现诺言，成就盟业。

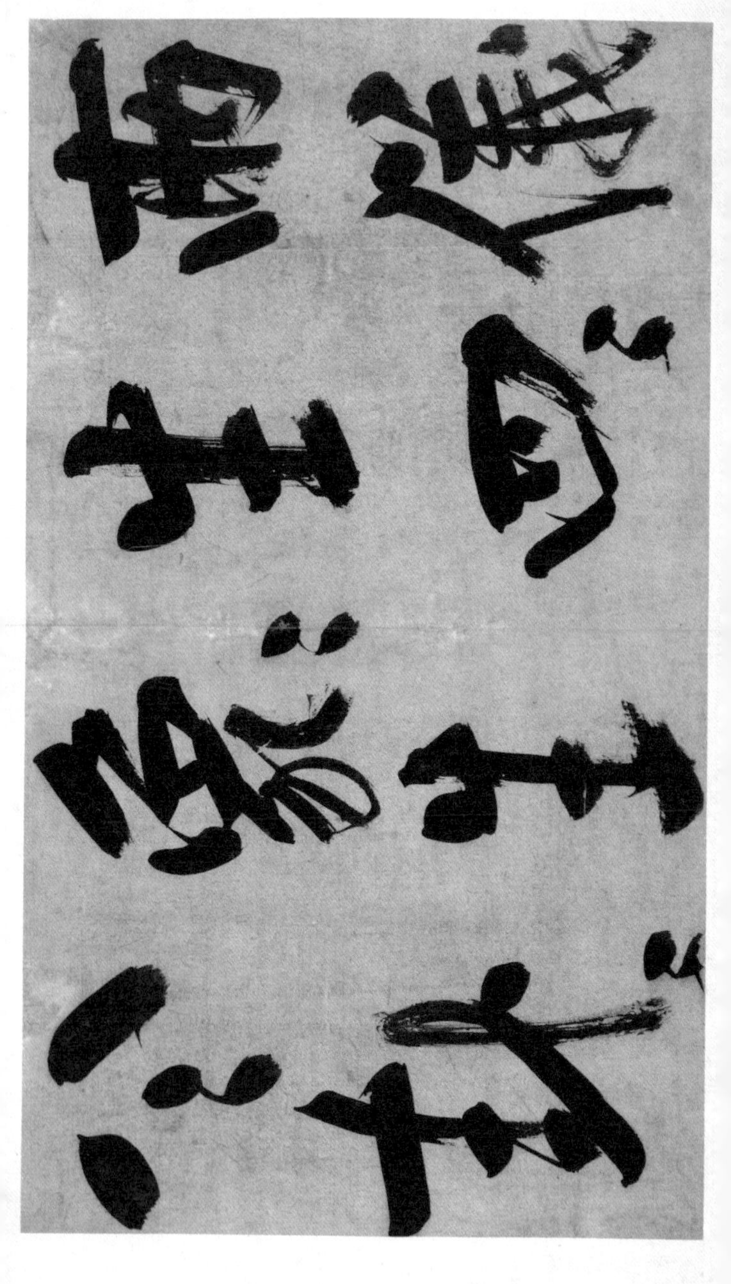

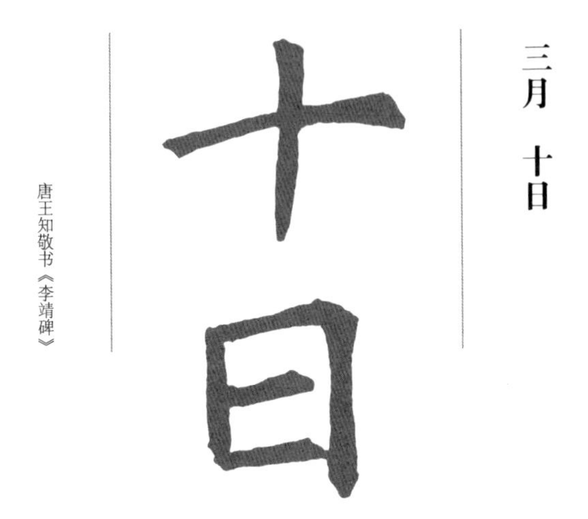

南宋朱熹书《易系辞》（局部）

朱熹是南宋著名哲学家，被公认为继孔子、孟子之后最杰出的儒学大师，世称“朱子”。他最为后人所知的著作是《四书章句集注》，使“四书”成为儒家学说的代言符号。

《易系辞》为《易经·系辞》节句，是少见的朱熹大字真迹，果敢有力，字如其人。这本册页历经元明两代藏家递藏，曾入乾隆内府，收录于《石渠宝笈》，后流入日本，现藏台北故宫博物院。此作早在南宋时便曾由朱门弟子刻碑于湖南常德学府，明崇祯年间大同也有翻刻本。

食不語寢不言

三月 十一日

十一

唐佚名书《孔颖达碑》

《论语》选句（清人书）

食不语，寝不言。

道不同不相為謀

三月 十二日

唐欧阳通书《道因法师碑》

《论语》选句（清人书）

道不同，不相为谋。

益者三友損者三友友直友諒友多聞益矣友便辟友善柔友便佞損矣

《论语》选句（清人书）

益者三友，损者三友。友直，友谅，友多闻，益矣。友便辟，友善柔，友便佞，损矣。

益者三樂損者三樂樂節禮樂
樂道人之善樂多賢友益矣樂
驕樂樂佚遊樂宴樂損矣

《论语》选句（清人书）

益者三乐，损者三乐。乐节礼乐，乐道人之善，乐多贤友，益矣。乐骄乐，乐佚游，乐宴乐，损矣。

侍於君子有三愆言未及之而
言謂之躁言及之而不言謂之
隱未見顏色而言謂之瞽

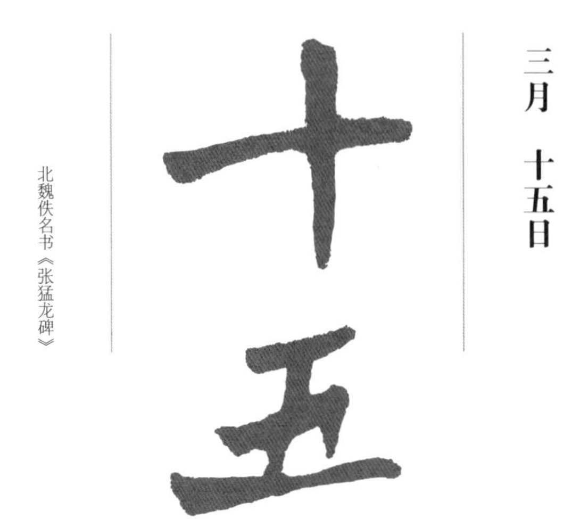

《论语》选句（清人书）

侍于君子有三愆：言未及之而言谓之躁，言及之而不言谓之隐，未见颜色而言谓之瞽。

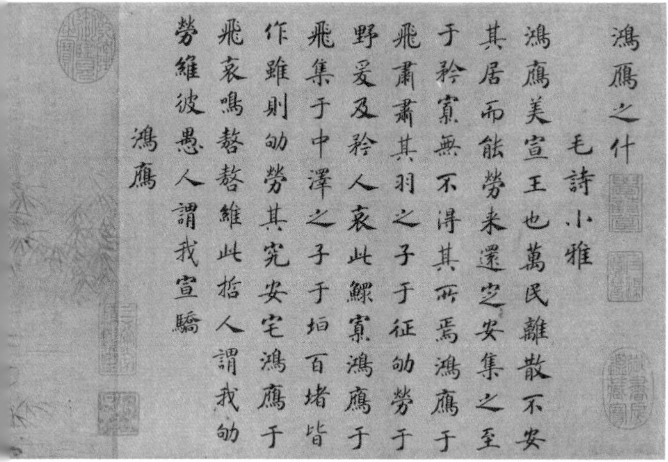

鴻鴈之什

毛詩小雅

鴻鴈美宣王也萬民離散不安其居而能勞来還定安集之至于矜寡無不得其所焉鴻鴈于飛肅肅其羽之子于征劬勞于野爰及矜人哀此鰥寡鴻鴈于飛集于中澤之子于垣百堵皆作雖則劬勞其究安宅鴻鴈于飛哀鳴嗸嗸維此哲人謂我劬勞維彼愚人謂我宣驕

鴻鴈

三月　十六日

十六

北魏王远书《石门铭》

（传）南宋马和之绘《诗经图》（局部）

一个有意思的现象是，儒学“十三经”中的大部分著作具有“百科全书”性质。比如，《诗经》既可以看作是诗歌集，也可以看作是全方位记录从西周至春秋中期历史的纸上“博物馆”。虽然曾长期被解读为“政治话语”，但是，《诗经》中关于自然、人生与爱情的段落耐读如初见，天然具有“画面感”。

三月 十七日

唐徐浩书《不空和尚碑》

自东汉以来，以图像再现《诗经》代有其人，至南宋达到高潮。传为宋高宗赵构、孝宗赵昚书写诗歌，宫廷画师马和之奉命绘图的《诗经图》系列长卷最为有名，有幸流传至今的数卷现分藏中外文博机构。跨页图即现藏于美国大都会艺术博物馆的《诗经·小雅·鸿雁之什》中的一个单元。

君子有三戒少之時血氣未定
戒之在色及其壯也血氣方剛
戒之在鬭及其老也血氣既衰
戒之在得

三月　十八日

十八

北魏郑道昭书《郑文公下碑》

《论语》选句（清人书）

君子有三戒：少之时，血气未定，戒之在色；及其壮也，血气方刚，戒之在斗；及其老也，血气既衰，戒之在得。

君子有九思視思明聽思聰色
思溫貌思恭言思忠事思敬疑
思問忿思難見得思義

三月 十九日

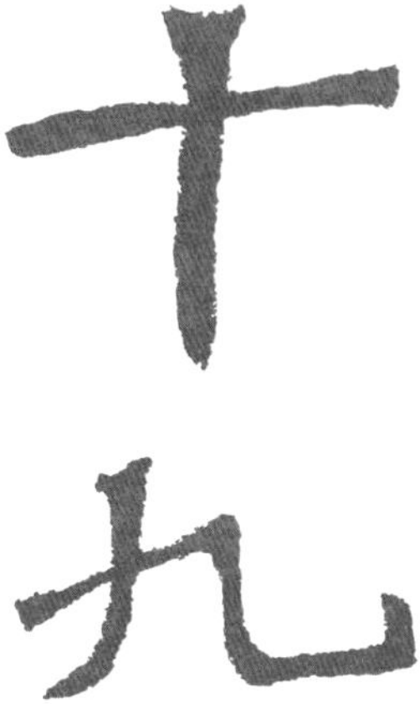

十九

南朝宋佚名书《爨龙颜碑》

《论语》选句（清人书）

君子有九思：视思明，听思聪，色思温，貌思恭，言思忠，事思敬，疑思问，忿思难，见得思义。

曾子曰吾日三省吾身為人謀
而不忠乎與朋友交而不信乎
傳不習乎

三月 二十日

北魏郑道昭书《郑羲下碑》

《论语》选句（清人书）

曾子曰：吾日三省吾身——为人谋而不忠乎？与朋友交而不信乎？传不习乎？

子夏曰賢賢易色事父母能竭
其力事君能致其身與朋友交
言而有信雖曰未學吾必謂之
學矣

三月 廿一日

北魏佚名书《一弗为张元祖造像记》

《论语》选句（清人书）

子夏曰：“贤贤易色；事父母，能竭其力；事君，能致其向；与朋友交，言而有信。虽曰未学，吾必谓之学矣。”

有子曰信近於義言可復也恭
近於禮遠恥辱也因不失其親
亦可宗也

三月　廿二日

北魏佚名书《北海王元详造像记》

《论语》选句（清人书）

有子曰：“信近于义，言可复也。恭近于礼，远耻辱也。因不失其亲，亦可宗也。”

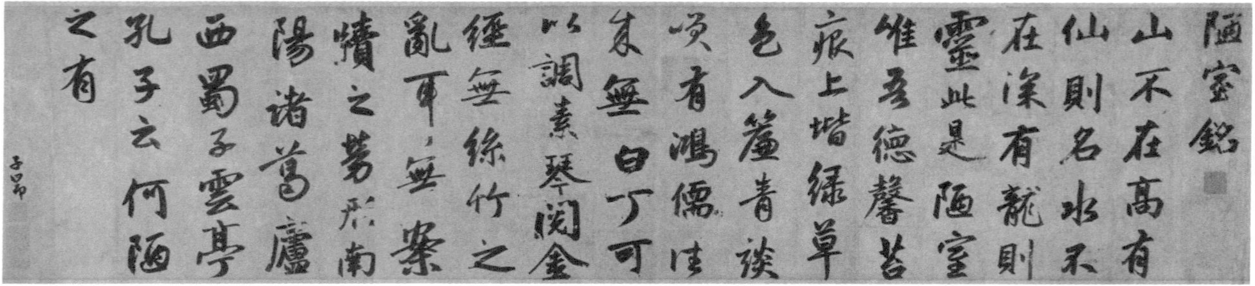

陋室銘
山不在高有
仙則名水不
在深有龍則
靈此是陋室
惟吾德馨苔
痕上階綠草
色入簾青談
笑有鴻儒往
來無白丁可
以調素琴閱金
經無絲竹之
亂耳無案
牘之勞形南
陽諸葛廬
西蜀子雲亭
孔子云何陋
之有

北魏佚名书《慈香造像记》

元赵孟頫书《陋室铭》

古代赞美陋室、自标高洁的诗文很多，但是，《陋室铭》化用儒典，非同凡响。“斯是陋室，惟吾德馨”，从《尚书》“黍稷非馨，明德惟馨”中来，还属一般。但是，“孔子云，何陋之有？”则一语惊人。此句原出《论语》“子欲居九夷。或曰：陋，如之何？子曰：君子居之，何陋之有？”

《陋室铭》写出了中国古代知识分子的“痛点”，这或许是宋宗室出身的书画家赵孟頫书写它的原因。此卷原为纸本挂轴，后被改为手卷。它被认为是赵孟頫30岁左右的早期作品。

三月　廿四日

廿四

北魏佚名书《崔敬邕墓志》

明仇英绘《人物故事图册》之“子路问津”

成语“指点迷津”语出《论语》。鲁哀公六年（前489年），周游列国的孔子一行在前往楚国途中遇河，孔子派弟子子路问讯渡口所在。一位隐士得知孔子在驾车后讽刺说：“他应该知道渡口在哪里。”另一位隐士得知问者是孔子弟子后，叹道：“世道坏如洪水，你们找谁去改变呢？与其跟随孔子，不如像我们一样避世。”孔子听后失望地说：“天下太平的话，我就不这样折腾了。”

“指点迷津”表现了孔子“知其不可为而为之”的救世之心。明代画家仇英在《人物故事图册》中再现了这一著名典故。

曾子曰士不可以不弘毅任重
而道遠仁以爲己任不亦重乎
死而後已不亦遠乎

三月　廿五日

廿五

唐颜真卿书《东方画赞碑》

《论语》选句（清人书）

曾子曰：“士不可以不弘毅，任重而道远。仁以为己任，不亦重乎？死而后已，不亦无远乎？”

曾子曰君子以文會友以友輔仁

三月 廿六日

北魏佚名书《刁遵墓志》

《论语》选句（清人书）

曾子曰：“君子以文会友，以友辅仁。”

子張曰士見危致命見得思義
祭思敬喪思哀其可已矣

三月　廿七日

唐柳公权书《神策军碑》

《论语》选句（清人书）

子张曰："士见危致命，见得思义，祭思敬，丧思哀，其可已矣。"

子夏曰博學而篤志切問而近
思仁在其中矣

三月　廿八日

北魏佚名书《北海王元详造像记》

《论语》选句（清人书）

子夏曰：“博学而笃志，切问而近思，仁在其中矣。”

子夏曰君子有三變望之儼然
即之也溫聽其言也厲

三月 廿九日

唐颜真卿书《麻姑仙坛记》

《论语》选句（清人书）

子夏曰：“君子有三变：望之俨然，即之也温，听其言也厉。”

三月 三十日

三十

唐褚遂良书《阴符经》

明朱由检书《九思》

明思宗朱由检（崇祯帝）是明朝少见的勤政君主，作风简朴，笃行儒学。惜乎彼时国势已倾，积习难改，内忧外患，无力回天，他不幸成为亡国之君。

崇祯帝长于书法，在其传世不多的作品中存有榜书“九思”一轴。雄浑的“九思”两字之间，是他招牌式花押签名。有专家认为，它是“由检”两字合文，也有专家认为是“一国之上”四字合文。

“九思”出自《论语》中“君子有九思”一语，即“视思明，听思聪，色思温，貌思恭，言思忠，事思敬，疑思问，忿思难，见得思义”。“九思”至今仍是中国人效法的做人准则。

關關雎鳩，在河之洲。窈窕淑女，君子好逑。參差荇菜，左右流之。窈窕淑女，寤寐求之。求之不得，寤寐思服。悠哉悠哉，輾轉反側。參差荇菜，左右采之。窈窕淑女，琴瑟友之。參差荇菜，左右芼之。窈窕淑女，鍾鼓樂之。

關雎三章，一章四句，二章章八句。

三月 卅一日

北魏佚名书《张黑女墓志》

清弘历等作《御笔诗经全图书画合璧》（局部）

为宣示儒家诗教，清高宗弘历（乾隆帝）自乾隆四年（1739年）至乾隆十年（1745年）以真草篆隶四体书写《诗经》全篇，命内廷画手模仿马和之《诗经图》，以左诗右图的形式完成《御笔诗经全图书画合璧》共30册。不过，就艺术价值而论，乾隆版《诗经图》比之马和之版差得很远。

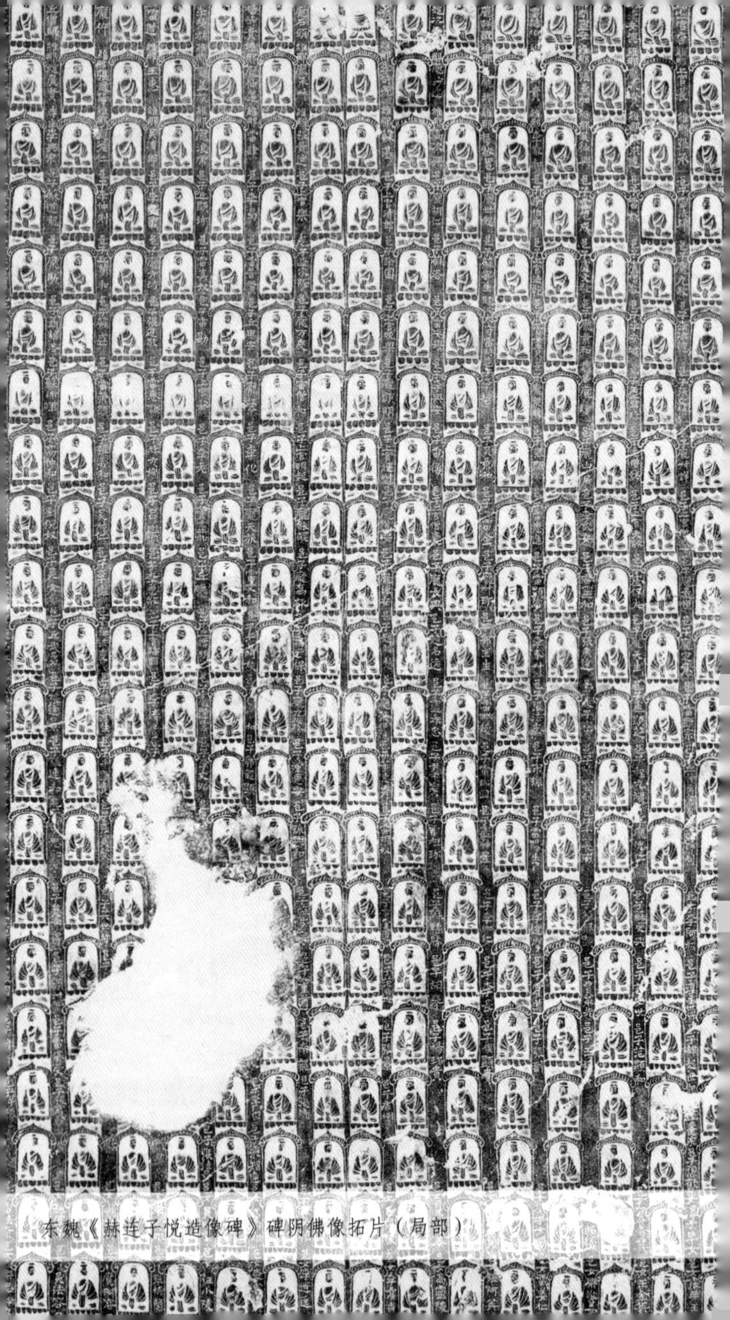

东魏《赫连子悦造像碑》碑阴佛像拓片（局部）

色·空

第二季

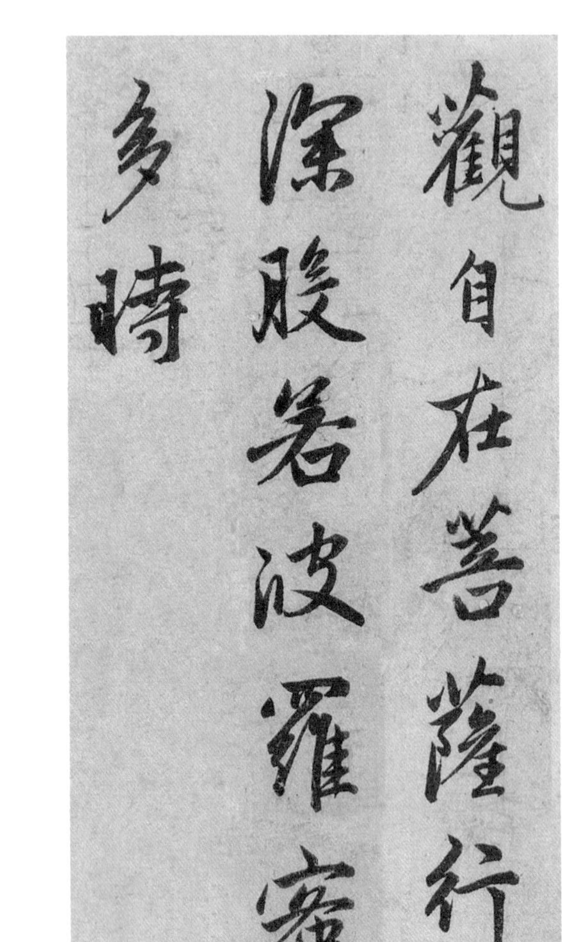
觀自在菩薩行
深般若波羅蜜
多時

四月 一日

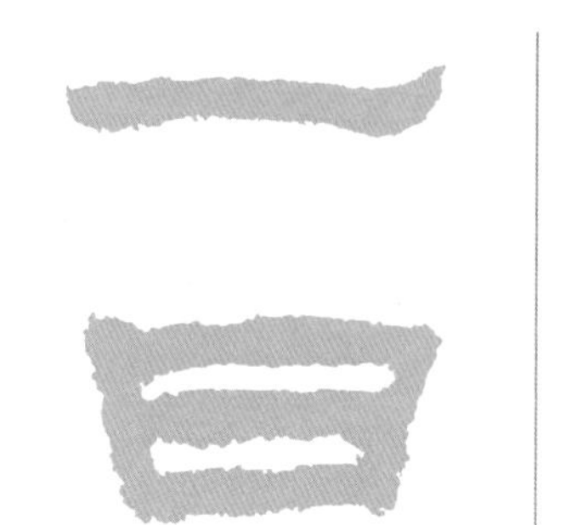

东汉佚名书《鲜于璜碑》

《心经》选句（元赵孟頫书）

观自在菩萨，行深般若波罗蜜多时。

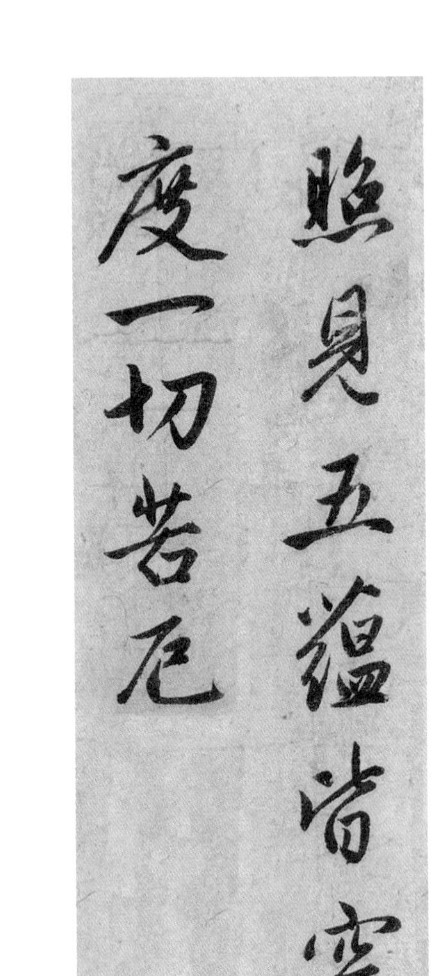
照見五蘊皆空
度一切苦厄

四月　二日

东汉佚名书《熹平石经》

《心经》选句（元赵孟𫖯书）

照见五蕴皆空，度一切苦厄。

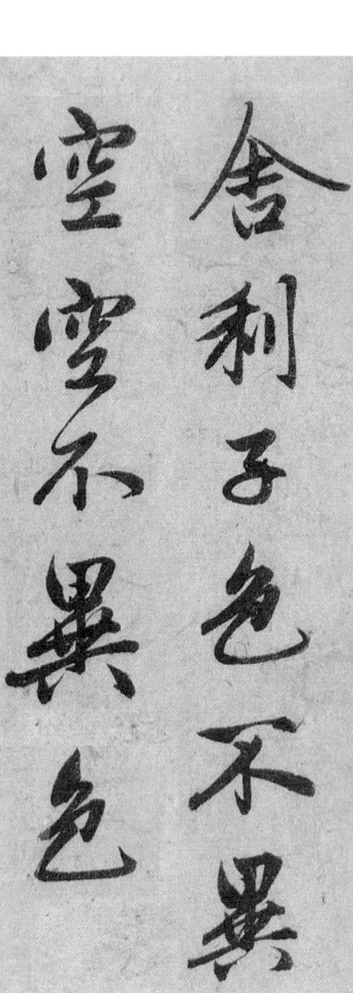
舍利子色不異
空不異色

四月　三日

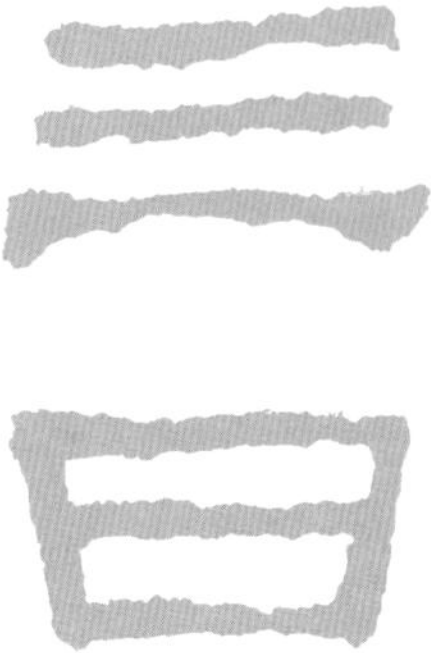

昌

东汉佚名书《史晨碑》

《心经》选句（元赵孟頫书）

舍利子，色不异空，空不异色。

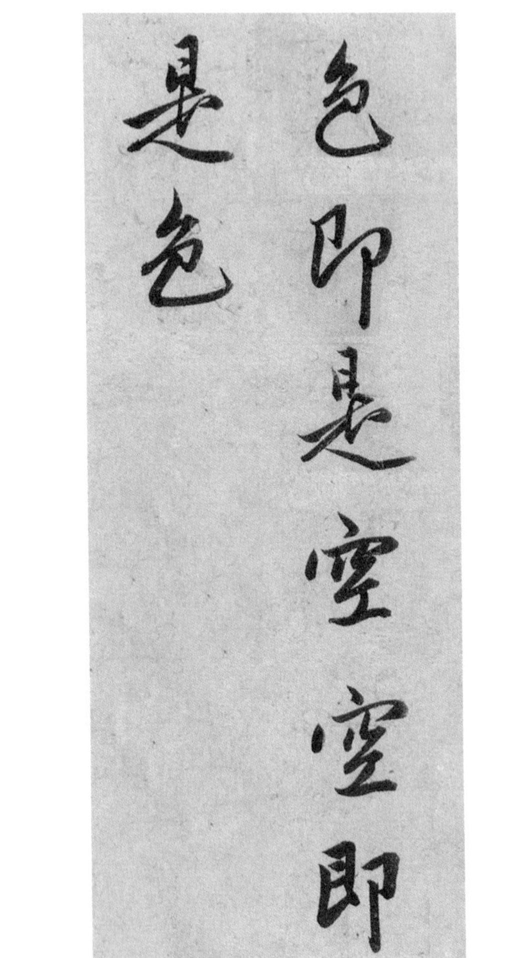
色即是空空即
是色

四月 四日

东汉佚名书《张迁碑》

《心经》选句（元赵孟頫书）

色即是空，空即是色。

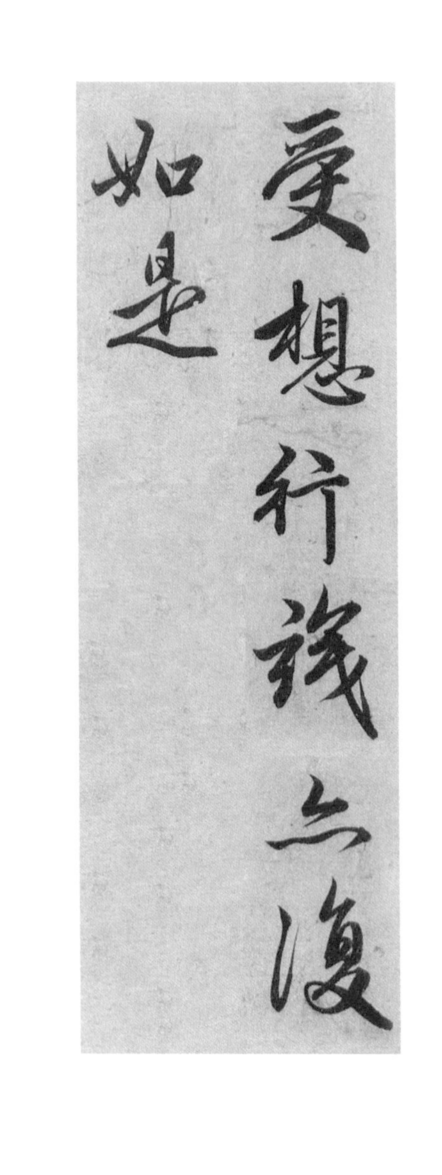
受想行識亦復
如是

四月　五日

五日

东汉佚名书《鲜于璜碑》

《心经》选句（元赵孟頫书）

受、想、行、识，亦复如是。

南京栖霞寺舍利塔旧影

“八相成道”是对释迦牟尼传奇人生八个重要节点的经典概括。南京栖霞寺舍利塔原为木塔，是隋文帝杨坚为供奉佛舍利而在全国各地建立的一百多座舍利塔之一。它重建于10世纪中期的南唐时代，改为五级密檐式石塔。其八角形须弥座环刻“八相成道”浮雕，包括托胎、诞生、出游、逾城、成道、说法、降魔和入灭，画风有顾恺之笔法。现代建筑学家梁思成在《中国雕塑史》中誉此浮雕为“手法精详，为此期江南最重要作品”。1917年，法国汉学家、诗人维克多・谢阁兰造访南京栖霞山，为舍利塔留下百年前的身影。

南京栖霞寺舍利塔“八相成道”浮雕拓片之一“托胎”

一般认为，释迦牟尼诞生于公元前6世纪中后期。他的父亲净饭王是迦毗罗卫国国王，母亲摩耶夫人是天臂城善觉王长女。摩耶夫人在返回故乡待产途中在蓝毗尼园产下佛陀。这一史实被后世神化为“白象托胎”，即摩耶夫人怀孕前梦见白象入胎。

“八相成道”浮雕第一幅主题是“托胎”。画面背景廊庑严整，右侧是骑着六牙白象的菩萨腾云驾雾从天而降，左侧是假寐的王后和陪同的侍女。

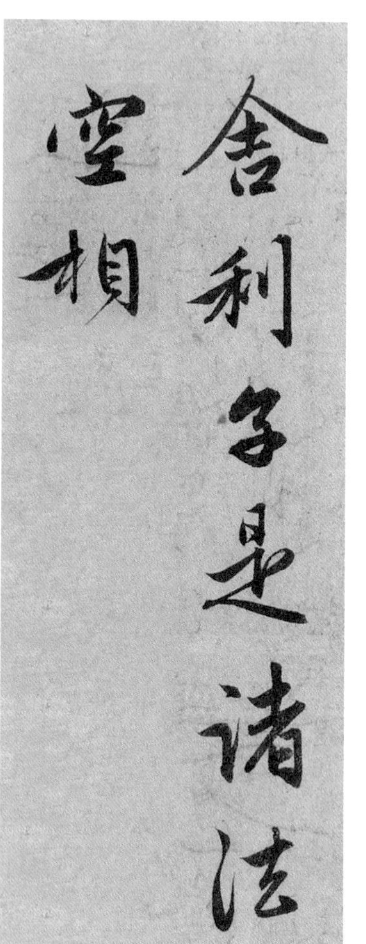
舍利子是诸法
空相

四月　八日

东汉郭香察书《华山庙碑》

《心经》选句（元赵孟頫书）

舍利子，是诸法空相。

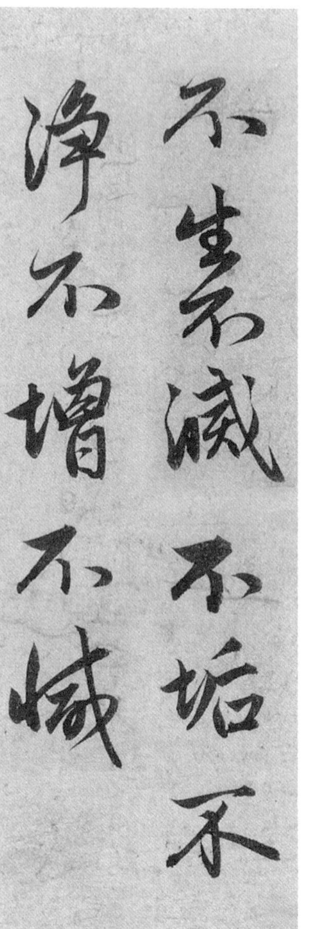
不生不滅不垢不
淨不增不減

四月　九日

九日

唐李隆基书《石台孝经》

《心经》选句（元赵孟頫书）

不生不灭，不垢不净，不增不减。

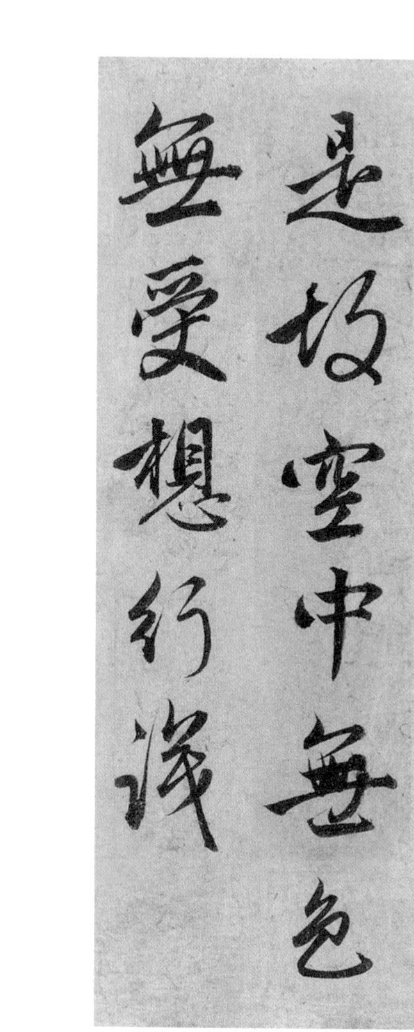
是故空中無色
無受想行識

四月 十日

东汉佚名书《夏承碑》

《心经》选句（元赵孟頫书）

是故，空中无色，无受、想、行、识。

無眼耳鼻舌身
意

四月　十一日

《心经》选句（元赵孟頫书）

无眼、耳、鼻、舌、身、意。

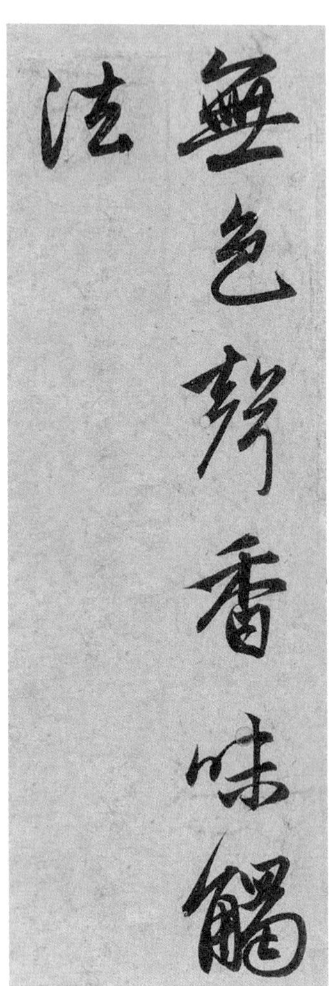
無色聲香味觸
法

四月 十二日

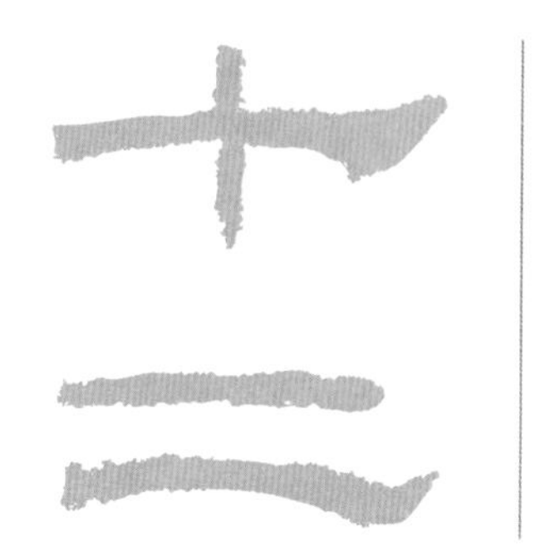

东汉佚名书《韩仁铭》

《心经》选句（元赵孟頫书）

无色、声、香、味、触、法。

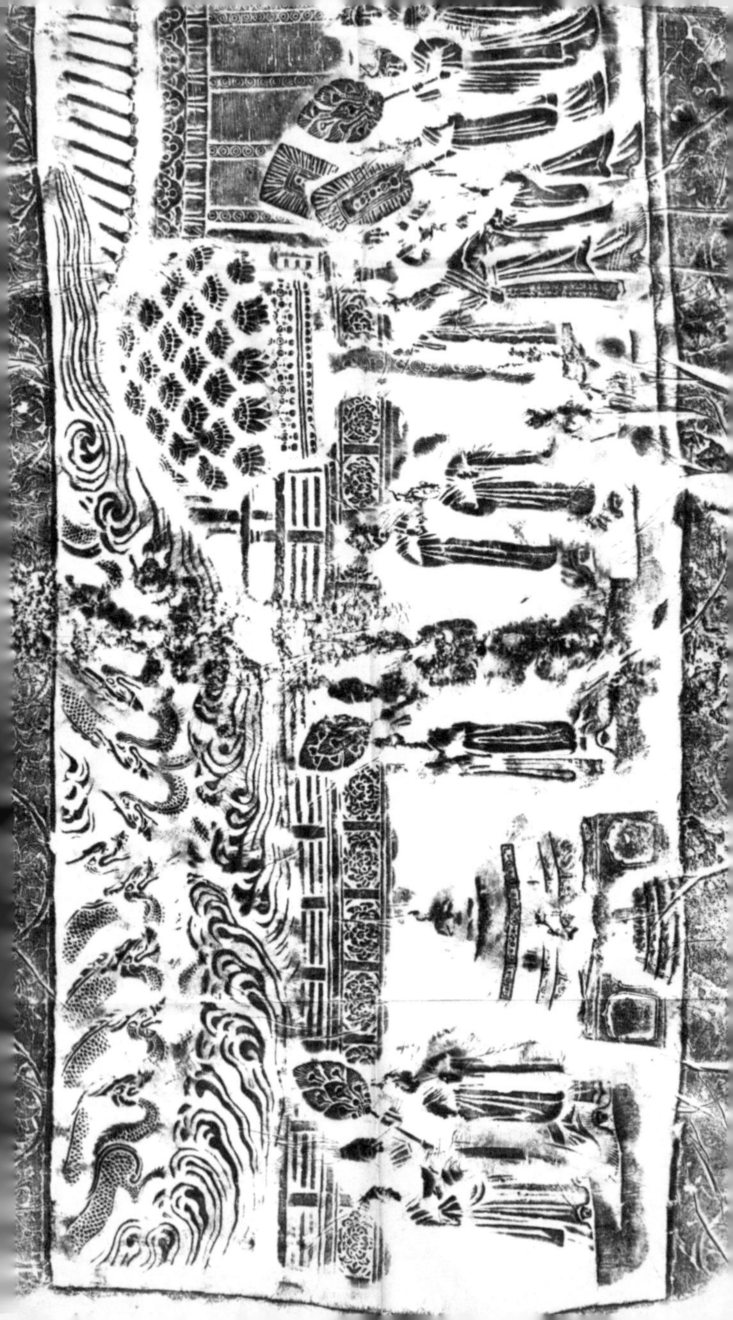

四月 十三日

十三

东汉佚名书《西狭颂》

南京栖霞寺舍利塔“八相成道”浮雕拓片之二“诞生”

“八相成道”浮雕第二幅描绘佛祖诞生的故事。画面右侧，摩耶夫人怀胎十月、一朝分娩，在无忧树下从右肋诞出释迦，侍者以盘相接。汉传佛教将农历四月初八日作为“释迦牟尼佛圣诞日”，简称“佛诞日”。

“佛诞日”也称“浴佛节”。相传，释迦牟尼降生时一手指天，一手指地，说“天上天下，惟我独尊”。于是，大地震动，九龙吐水。刻石左侧刻画了“九龙浴佛”的场面。

然而，摩耶夫人在佛祖出生后第七日不幸去世。佛祖是由他的姨母养大的。

四月 十四日

东汉佚名书《赵宽碑》

南京栖霞寺舍利塔“八相成道”浮雕拓片之三“出游”

青少年时代的释迦牟尼是贵为太子的乔达摩，锦衣玉食，饱享荣华富贵。但是，在目睹老、病、死之后，他决心舍弃一切，苦修解脱。

“八相成道”浮雕第三幅主题是“出游”，描绘的是乔达摩四方巡游，体验民间疾苦，决心出家的故事。此图左侧，描绘太子见老、病、死的情景；右侧，描绘太子出北门遇沙门，决心出家。

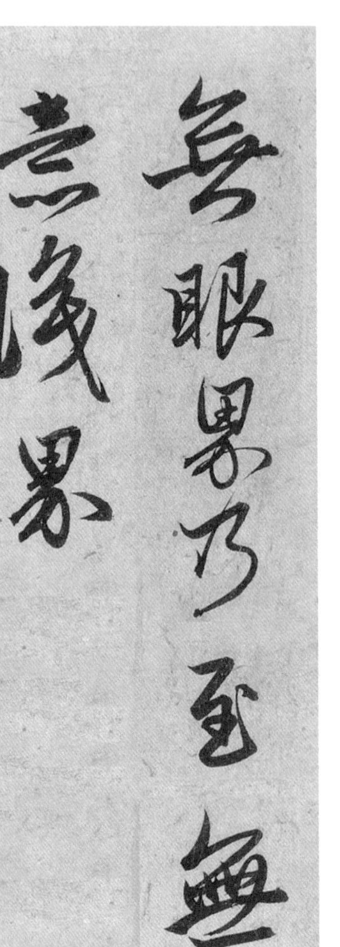
無眼界乃至無
意識界

四月　十五日

东汉佚名书《张景碑》

《心经》选句（元赵孟頫书）

无眼界，乃至无意识界。

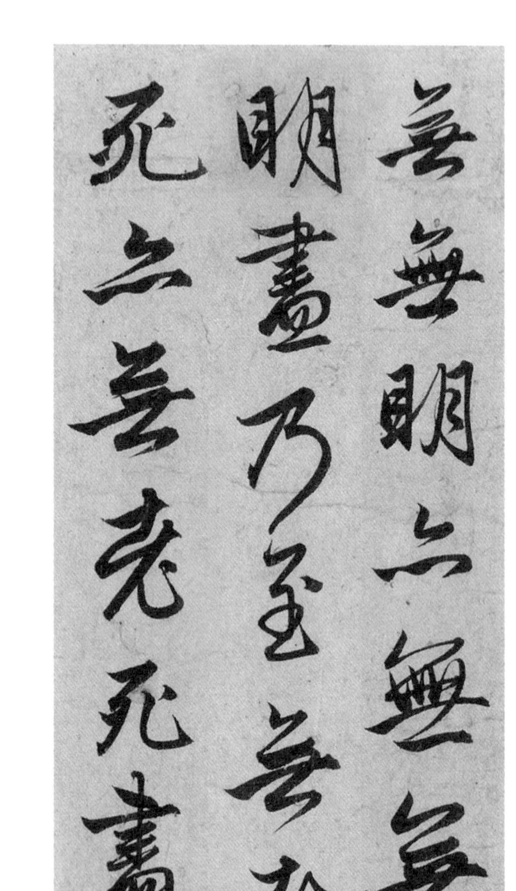
無無明亦無無
明盡乃至無老
死亦無老死盡

四月 十六日

清伊秉绶书《光孝寺虞仲翔祠碑》

《心经》选句（元赵孟𫖯书）

无无明，亦无无明尽，乃至无老死，亦无老死尽。

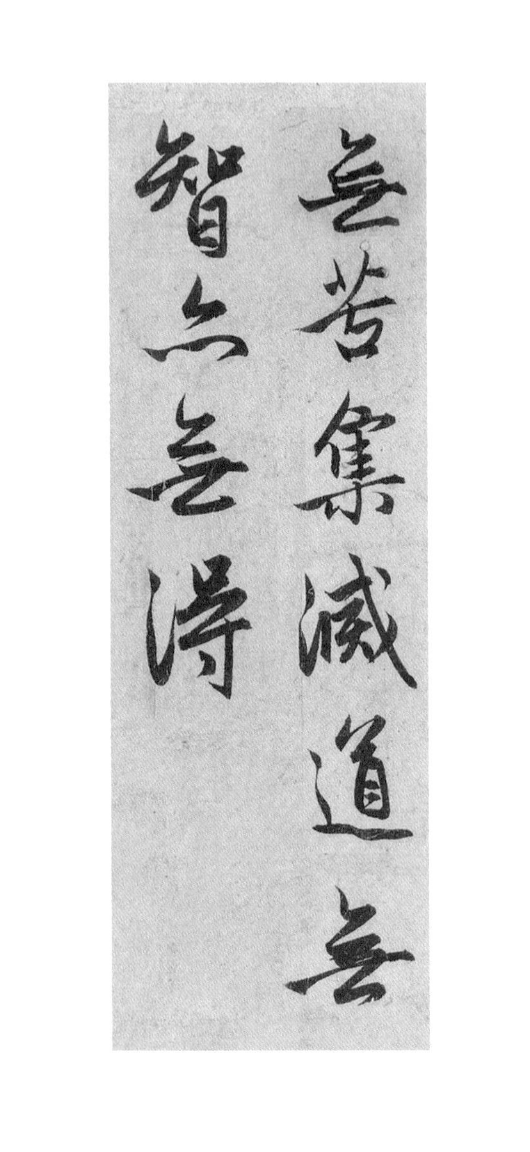
無苦集滅道無
智亦無得

四月 十七日

清何绍基书条幅

《心经》选句（元赵孟頫书）

无苦、集、灭、道，无智亦无得。

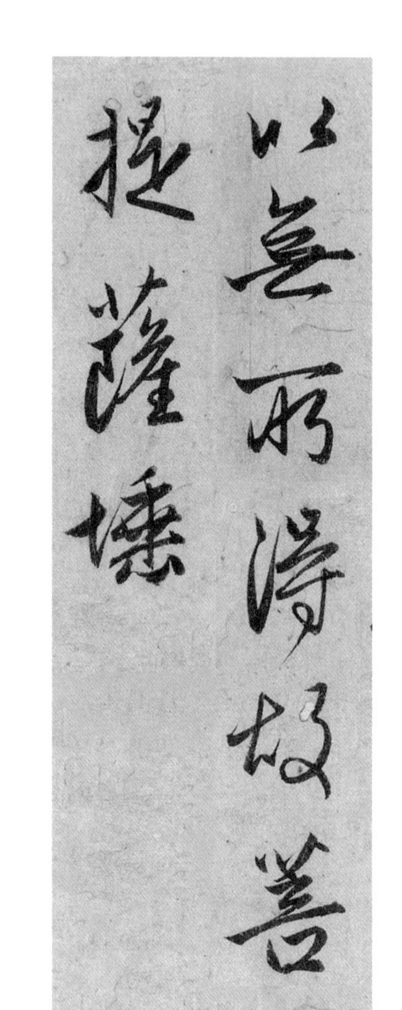
以無所得故菩
提薩埵

四月　十八日

东汉佚名书《史晨碑》

《心经》选句（元赵孟頫书）

以无所得故，菩提萨埵。

依般若波羅蜜
多故心無罣礙

四月 十九日

东汉佚名书《史晨碑》

《心经》选句（元赵孟頫书）

依般若波罗蜜多故，心无挂碍。

四月 二十日

东汉佚名书《史晨碑》

南京栖霞寺舍利塔“八相成道”浮雕拓片之四“逾城”

“八相成道”浮雕第四幅主题是“逾城”，描绘的是太子夜半逾城、落发出家、深山苦修的故事。

太子出家决心已定，但是父王想尽办法阻拦。在众人帮助下，太子夜半出城，前往深山（图右）；更衣断发，剃度出家（图左下）；趺坐莲台，凝神悉心，殚精竭虑，开启修行之旅（图左上）。从王子到沙门，乔达摩完成了第一次质变。汉传佛教将农历二月初八日作为“释迦牟尼佛出家日”。

南京栖霞寺舍利塔“八相成道”浮雕拓片之五“成道”

乔达摩在深山密林中苦行六年，日食一麦一麻，但是，徒劳无功。他认定苦行并不能获得解脱，于是，开始净身进食，最终在菩提树下大彻大悟，成就正觉。

“八相成道”浮雕第五幅主题是“成道”。浮雕分为三个部分：左侧，虚弱的乔达摩路遇牧女，后者为他煮糜，“乳糜涌浮，出高七仞”；右侧，乔达摩食罢渡急流，体弱不支的他幸有树神相助得过；中间，放弃苦行的乔达摩在菩提树下打坐，终于悟道，成为释迦牟尼。这是乔达摩的第二次质变。汉传佛教将腊月初八日（简称“腊八”）作为“释迦牟尼佛成道日”。这一天，中国百姓有喝“腊八粥”的习俗。

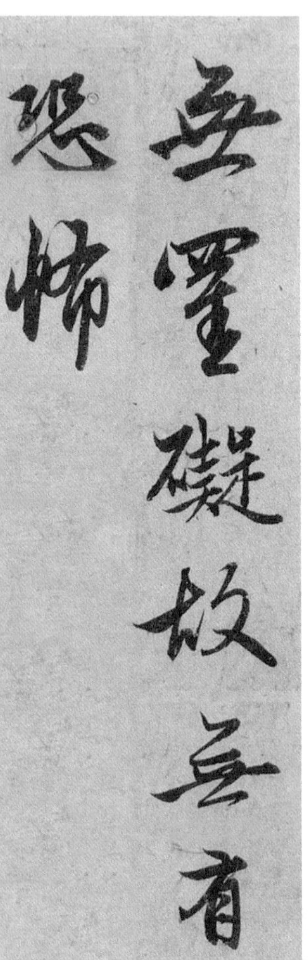
無罣礙故無有
恐怖

四月 廿二日

东汉佚名书《韩仁铭》

《心经》选句（元赵孟頫书）

无挂碍故，无有恐怖。

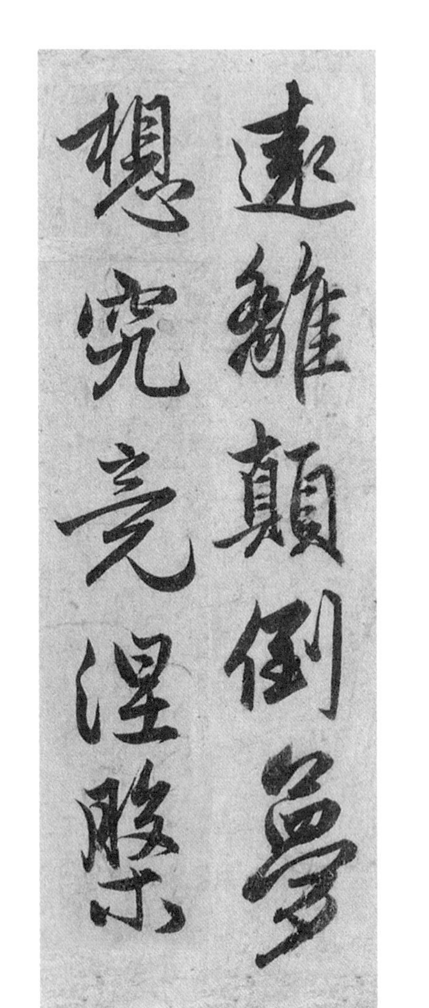
遠離顛倒夢
想究竟涅槃

四月　廿三日

东汉佚名书《鲜于璜碑》

《心经》选句（元赵孟頫书）

远离颠倒梦想，究竟涅槃。

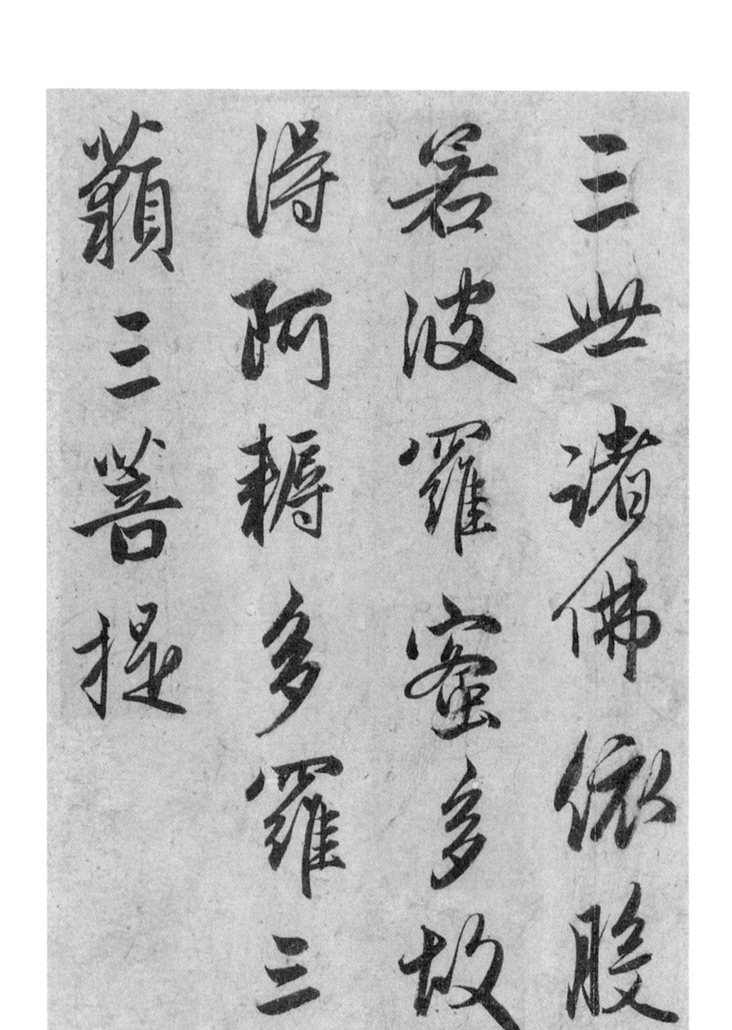

三世諸佛依般
若波羅蜜多故
得阿耨多羅三
藐三菩提

四月 廿四日

东汉佚名书《乙瑛碑》

《心经》选句（元赵孟頫书）

三世诸佛，依般若波罗蜜多故，得阿耨多罗三藐三菩提。

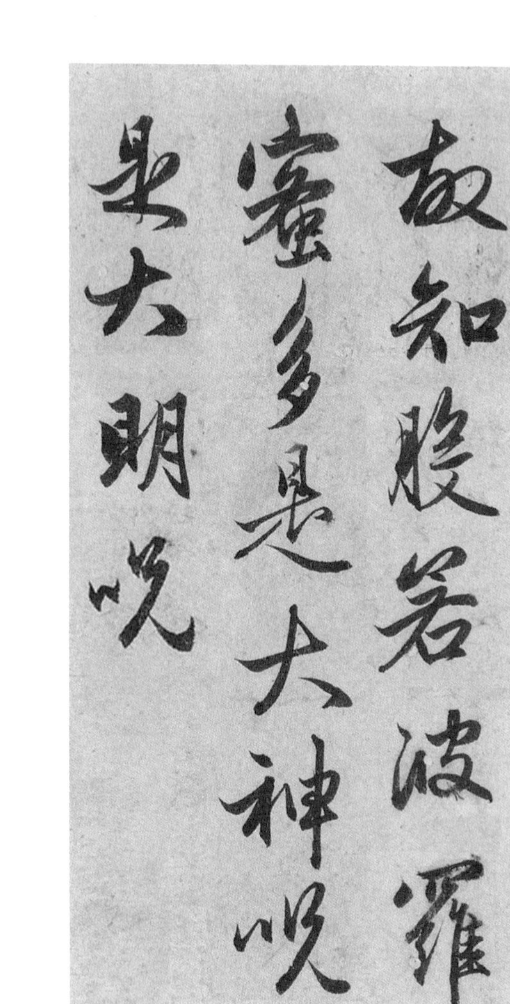
故知般若波羅
蜜多是大神咒
是大明咒

四月　廿五日

西晋佚名书《辟雍碑》

《心经》选句（元赵孟頫书）

故知般若波罗蜜多，是大神咒，是大明咒。

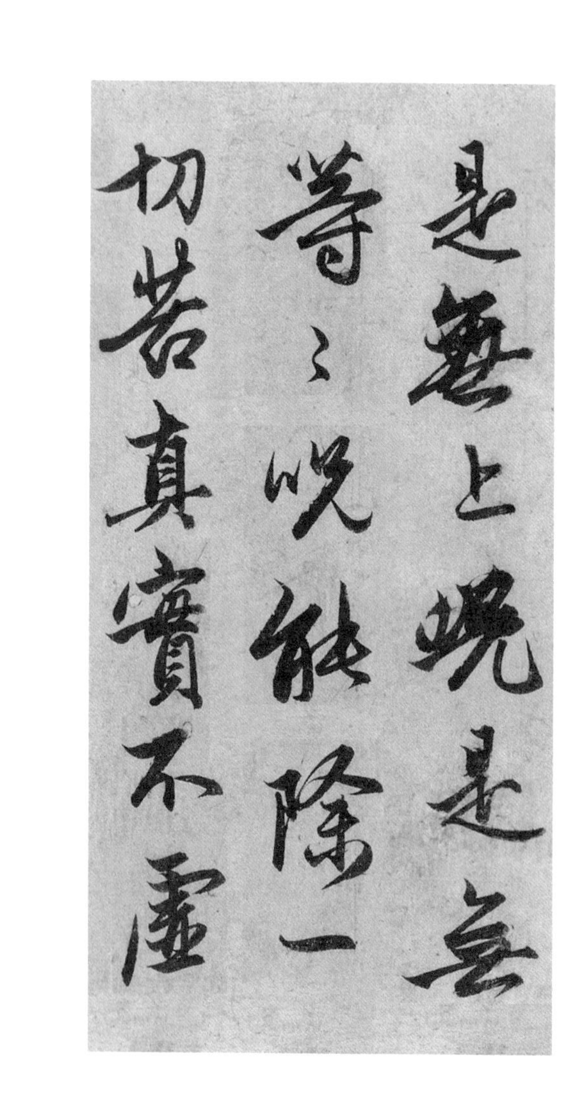
是無上咒是無
等等咒能除一
切苦真實不虛

四月 廿六日

东汉郭香察书《华山庙碑》

《心经》选句（元赵孟頫书）

是无上咒，是无等等咒，能除一切苦，真实不虚。

四月　廿七日

廿七

东汉佚名书《鲜于璜碑》

南京栖霞寺舍利塔“八相成道”浮雕拓片之六“说法”

释迦牟尼成道之后，开始四处传教。“八相成道”浮雕第六幅主题是“说法”，其中包括两个小故事——“二商奉食”和“四王献钵”。

经载，佛陀在菩提树下悟道后，两位商人先向他奉食。此后，四大天王也来献钵。佛陀受持了商人的食物，但拒绝了四大天王起先持奉的金玉钵，直到他们换为石钵。为免厚此薄彼，佛陀又将四钵发力合成一钵。画面左半，佛陀趺坐莲台。莲台左侧，是奉食的两位商人。画面右半，远道而来的四大天王一跪三立，恭敬有加。

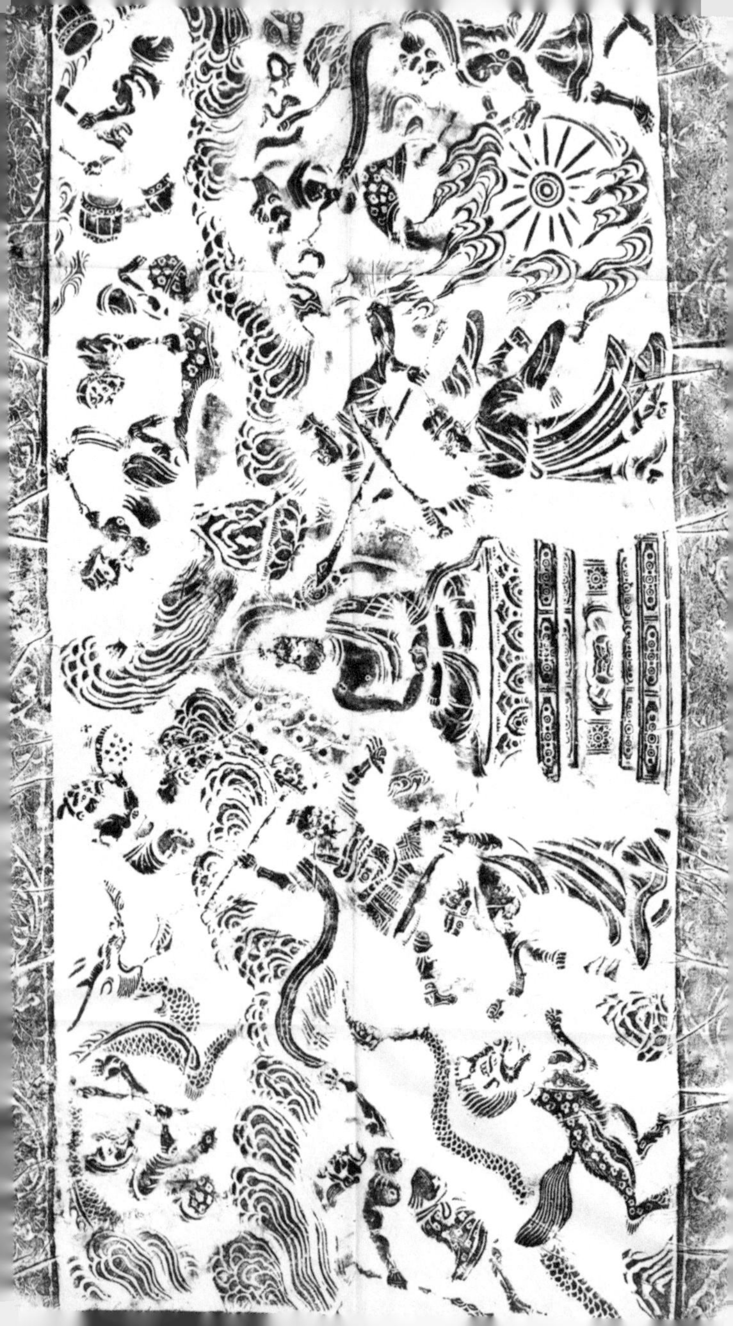

四月 廿八日

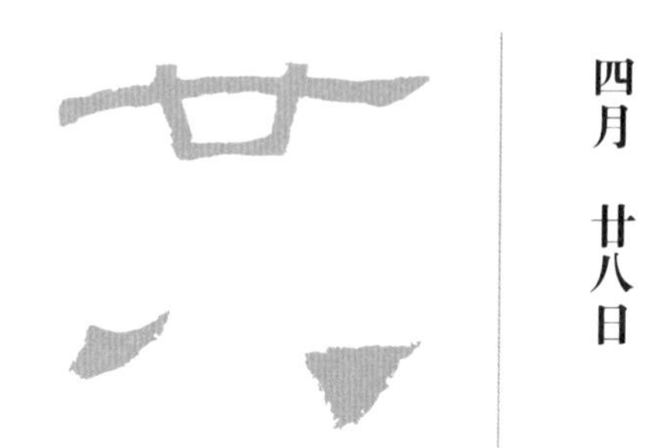

东汉佚名书《张景碑》

南京栖霞寺舍利塔“八相成道”浮雕拓片之七“降魔”

“八相成道”浮雕第七幅的主题是“降魔”。佛陀在传教中经常与一些邪门外道沙门辩论，“降魔”正是此类史事的影射。经载，释迦牟尼成道，惊动魔王，后者先后多次派妖魔鬼怪前来骚扰，但释迦牟尼“不惊不怖，一毛不动，光颜益好，鬼兵不能得近”。

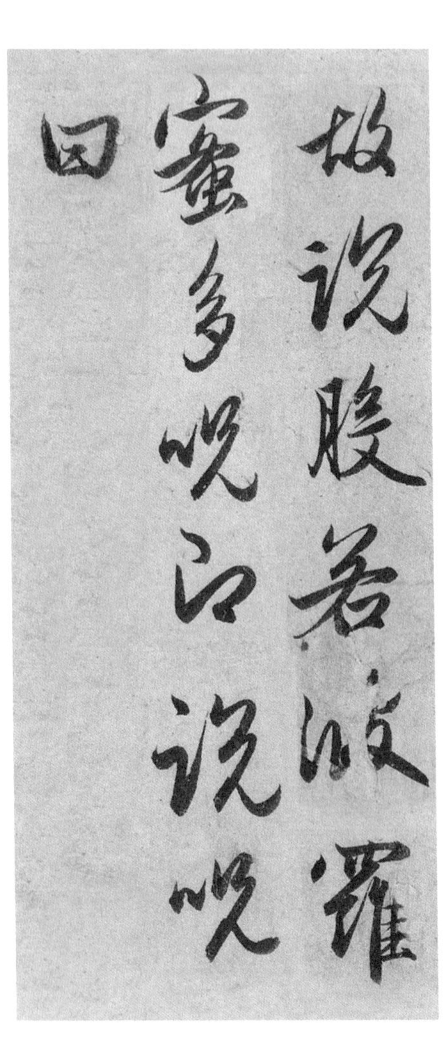
故說般若波羅
蜜多呪即說呪
曰

四月　廿九日

东汉郭香察书《华山庙碑》

《心经》选句（元赵孟頫书）

故说般若波罗蜜多咒，即说咒曰。

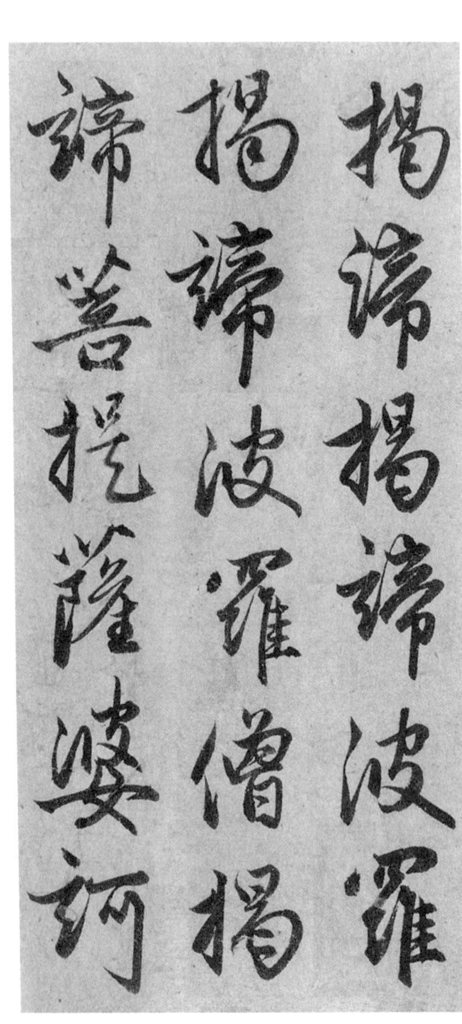
揭諦揭諦波羅
揭諦波羅僧揭
諦菩提薩婆訶

唐李隆基书《石台孝经》

《心经》选句（元赵孟頫书）

揭谛，揭谛，波罗揭谛，波罗僧揭谛，菩提萨婆诃。

那謨薄伽跋帝啼鉢路
迦跢囉底毗失瑟吒耶
勃陁耶

五月　一日

东汉佚名书《乙瑛碑》

《佛顶尊胜陀罗尼经咒》（传唐欧阳询书）

那谟薄伽跋帝，啼隶路迦，钵啰底，毗失瑟咤耶，勃陀耶。

薄伽跋帝怛姪他

五月 二日

东汉佚名书《礼器碑》

《佛顶尊胜陀罗尼经咒》（传唐欧阳询书）

薄伽跋帝，怛侄他。

唵毗输馱耶

五月 三日

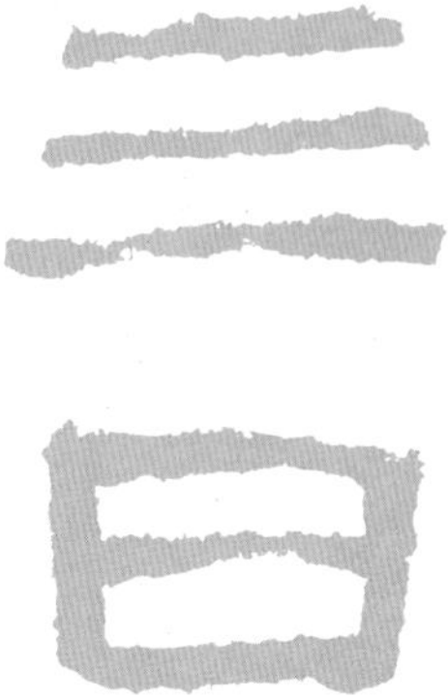

三日

东汉佚名书《张迁碑》

《佛顶尊胜陀罗尼经咒》（传唐欧阳询书）

唵，毗输驮耶。

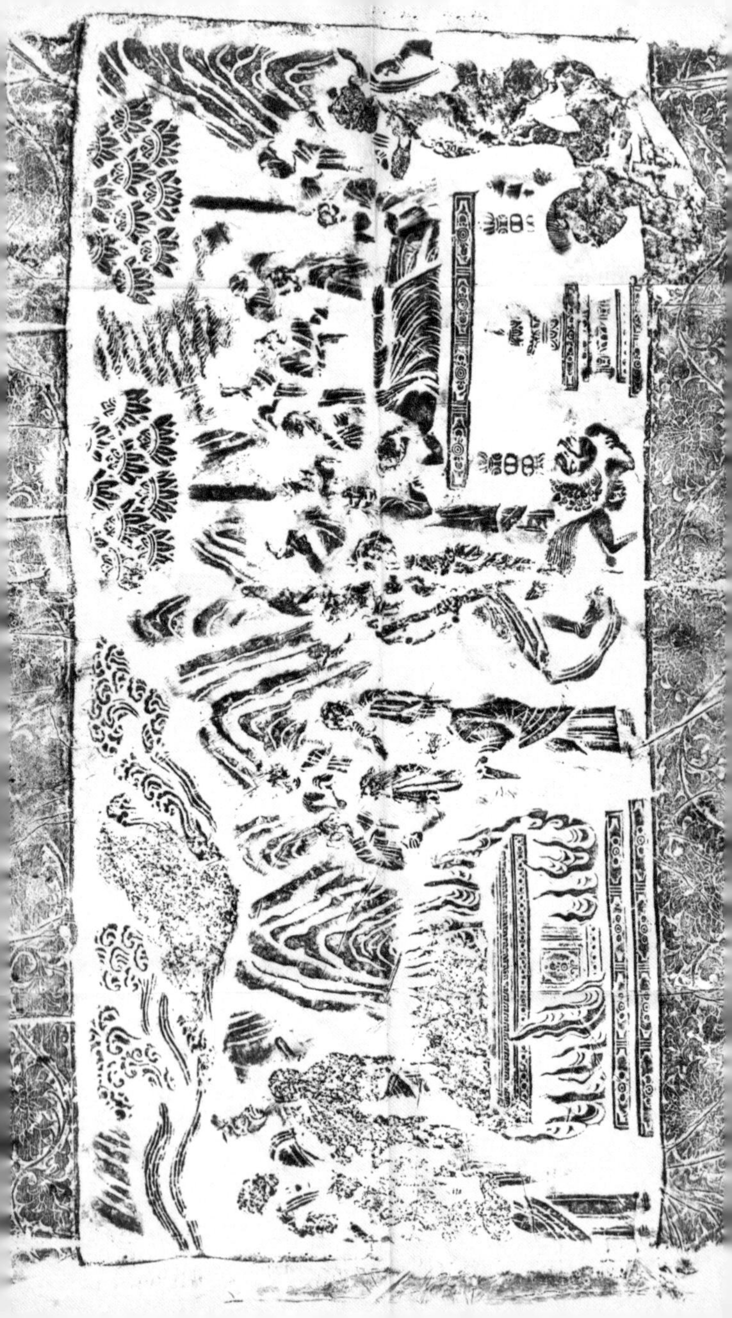

五月 四日

四日

东汉佚名书《张迁碑》

南京栖霞寺舍利塔“八相成道”浮雕拓片之八“入灭”

“八相成道”浮雕第八幅的主题是“入灭”。经载，佛祖右胁而卧，头枕北方、足指南方、面向西方、背对东方，留下“以戒为师”的遗训后逝世。本幅右半描绘了佛祖入灭、众生哀悼的场景。

传说，佛祖涅槃后，烈火不能荼毗（焚烧）宝棺。佛祖以大悲力从心胸中踊火，七日才尽。佛祖舍利由信徒带回建塔（即舍利塔）供养。本幅左半，即是动人心魄的荼毗佛棺。汉传佛教将农历二月十五日作为“释迦牟尼佛涅槃日”。

五日

五月 五日

东汉佚名书《鲜于璜碑》

杭州圣因寺贯休绘《十六罗汉像》刻石旧影

据载，佛曾嘱托十六位大弟子不入涅槃，分住各地弘法。他们被尊为“十六罗汉”。

五代僧人贯休是唐宋间水墨宗教画的代表画家之一，尤长罗汉画。史载，贯休所绘《十六罗汉像》原作辗转藏于杭州西湖孤山圣因寺。乾隆南巡时对之赞不绝口，亲笔修改名号，题写赞词，敕命工匠刻石置于寺内。虽然原作不知所终，但是，贯休版《十六罗汉像》赖刻石以传。

20 世纪 60 年代，圣因寺在城市改建中部分拆除，十六罗汉像刻石迁往杭州孔庙，保存至今。这张百年前的旧照记录了十六罗汉像刻石在圣因寺中的陈设原状，弥足珍贵。

娑摩三漫多皤婆娑
娑破囉拏揭底伽謌
那

五月　六日

东汉佚名书《乙瑛碑》

《佛顶尊胜陀罗尼经咒》（传唐欧阳询书）

娑摩三漫多皤婆娑，娑破啰拏揭底伽诃那。

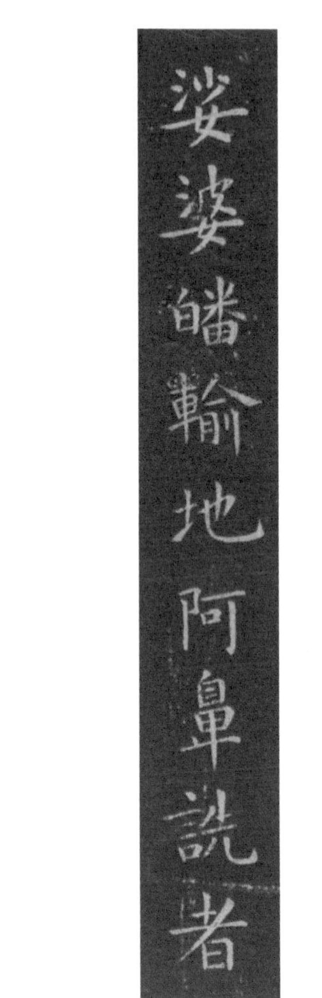

娑婆皤輸地阿卑訖者

五月 七日

《佛顶尊胜陀罗尼经咒》（传唐欧阳询书）

娑婆皤输地，阿鼻诜者。

蘇揭多伐折那阿蜜唎

多毗囇

五月 八日

东汉佚名书《石门颂》

《佛顶尊胜陀罗尼经咒》（传唐欧阳询书）

苏揭多伐折那，阿蜜唎多毗晒。

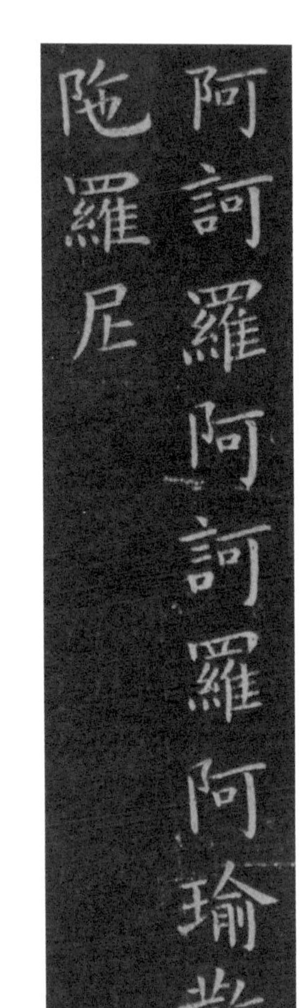

阿訶羅阿訶羅阿瑜散
陁羅尼

五月　九日

唐李隆基书《石台孝经》

《佛顶尊胜陀罗尼经咒》（传唐欧阳询书）

阿诃罗阿诃罗，阿瑜散陀罗尼。

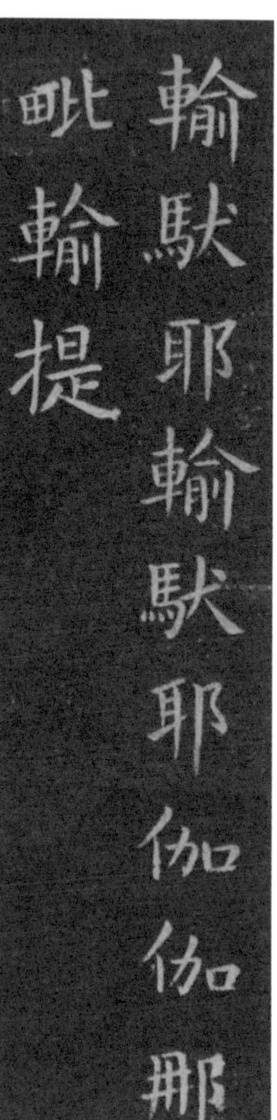
輸馱耶輸馱耶伽伽那
毗輸提

五月 十日

东汉佚名书《夏承碑》

《佛顶尊胜陀罗尼经咒》（传唐欧阳询书）

输驮耶输驮耶，伽伽那毗输提。

有台其背有龎其眉经
横於膝無慮無思稽首
尊者壽復何若待然燈
逘待彌勒閣
第一賓度羅跋囉墮闍尊者

五月 十一日

东汉佚名书《赵宽碑》

五代贯休绘《十六罗汉像》拓片之一

在贯休绘《十六罗汉像》中，排在第一位的是宾度罗跋罗堕阇尊者。“宾度罗”是印度十八大姓之一，婆罗门望族，“跋罗堕阇”是其名。此尊者是古印度跋蹉国优陀延王大臣，出家后常骑鹿回宫，劝国王学佛，后国王出家，让位太子。宾度罗因此被世人称为“骑鹿罗汉”。

宾度罗也常为中国禅林食堂供奉。

第二迦諾迦伐蹉尊者
位第八
五蘊六識真司異同豎
此一指非彼天龍與木
石居毛生手足何不翦
之誰翦豕康

五月 十二日

清金农书条幅

五代贯休绘《十六罗汉像》拓片之二

排在第二位的迦诺迦伐蹉尊者原是古印度一位善于谈论佛学的论师。有人曾问：“何谓喜？”他答：“由听觉、视觉、嗅觉、味觉和触觉而感到的快乐谓之喜。”有人问：“何谓庆？”他答：“不由眼耳鼻口手所感觉的快乐，谓之庆。比如，诚心向佛，心觉佛在，即感快乐。”因在辩论中常带笑容，又以喜庆之论而举世皆知，世人又称他为“喜庆罗汉”或“欢喜罗汉”。

不过，贯休画中这位尊者似乎并不欢喜。他双手食指合并向前，其意何在？乾隆的看法是“五蕴六识，真幻异同”。

烏瑟尼沙毗逝耶輸提
娑訶娑囉喝囉濕弭珊
珠地帝

五月 十三日

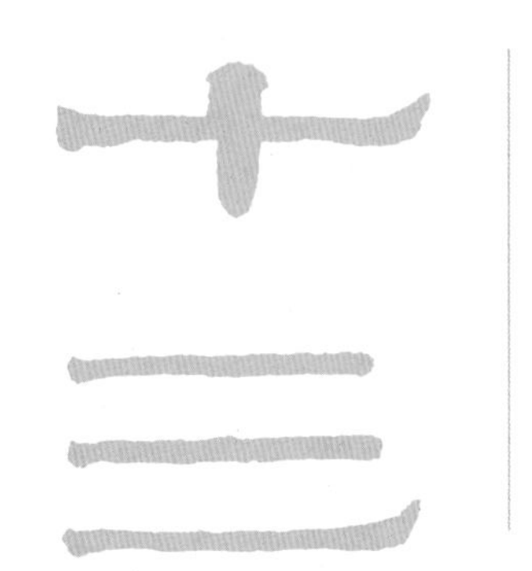

清伊秉绶书《光孝寺虞仲翔祠碑》

《佛顶尊胜陀罗尼经咒》（传唐欧阳询书）

乌瑟尼沙毗逝耶输提，娑诃娑啰，喝啰湿弭，珊珠地帝。

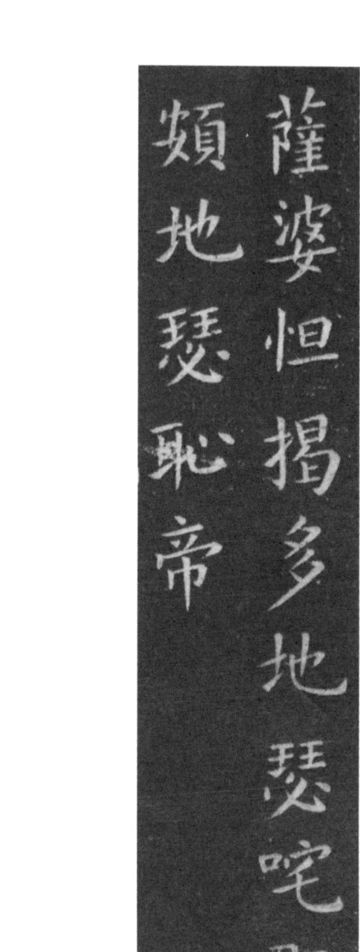
薩婆怛揭多地瑟咤耶
頞地瑟恥帝

五月 十四日

西晋佚名书《辟雍碑》

《佛顶尊胜陀罗尼经咒》（传唐欧阳询书）

萨婆怛揭多，地瑟咤耶，频地瑟耻帝。

慕[illegible]疑拨折囉迦耶

五月　十五日

《佛顶尊胜陀罗尼经咒》（传唐欧阳询书）

慕嵯隶，拔折啰迦耶。

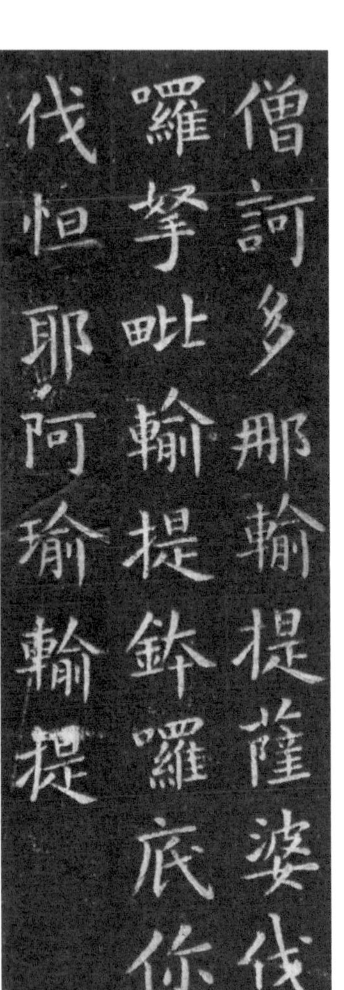
僧訶多那輸提薩婆伐
囉拏毗輸提鉢囉底你
伐怛耶阿瑜輸提

五月　十六日

东汉佚名书《鲜于璜碑》

《佛顶尊胜陀罗尼经咒》（传唐欧阳询书）

僧诃多那输提，萨婆伐啰箪毗输提，钵啰底你伐怛耶阿瑜输提。

薩末那頞地瑟恥帝

五月　十七日

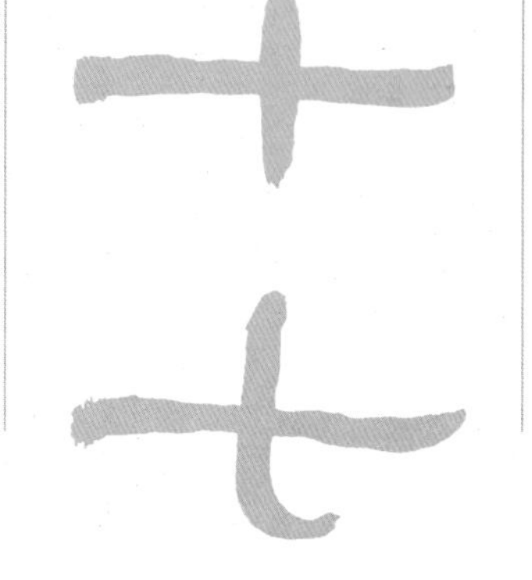

清何绍基书条幅

《佛顶尊胜陀罗尼经咒》（传唐欧阳询书）

萨末那颇地瑟耻帝。

前身飲光後身慧理西
竺靈鷲識飛來此芒鞵
錢雨竹杖一根可放下
著永住聖因
第三賓頭盧頗羅墮誓尊者

五月 十八日

六

东汉佚名书《史晨碑》

五代贯休绘《十六罗汉像》拓片之三

排在第三位的宾头卢颇罗堕誓尊者，据考证为排在第一位的宾度罗跋罗堕阇尊者的重出，反映了宾头卢在佛教徒中的崇高威望。

乾隆赞此尊者“前身饮光，后身慧理”。“饮光”指为释迦牟尼授记的“过去佛”燃灯佛。“慧理”是东晋来华的天竺高僧。慧理在杭州登山时见一峰，叹道：“此乃灵鹫山一小岭，不知何时飞来？”故命峰名“飞来”，并建灵鹫寺等五刹。

第四難提密多羅慶友尊者
以沈水香炷折脚鼎三
藏靈文轉彈指頃法尚
不住何像可留問誰多
事由此貫休

五月 十九日

十九

东汉佚名书《熹平石经》

五代贯休绘《十六罗汉像》拓片之四

排在第四位的难提密多罗庆友尊者即《法注记》著者庆友，庆友是梵语“难提密多罗”的意译。佛陀逝后800年，庆友生于狮子国（ 今斯里兰卡 ），成长为高僧。庆友及弟子写作的《大阿罗汉难提密多罗所说法住记》（ 简称《法住记》）记有“十六罗汉”法名。此书经玄奘翻译传入中土后，“罗汉”信仰由此而生。

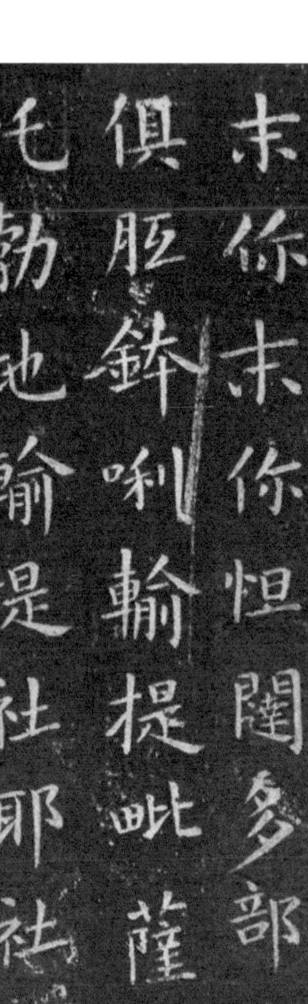
末你末你怛闥多部多
俱胝鉢唎輸提毗薩普
吒勃地輸提社耶社耶

五月　二十日

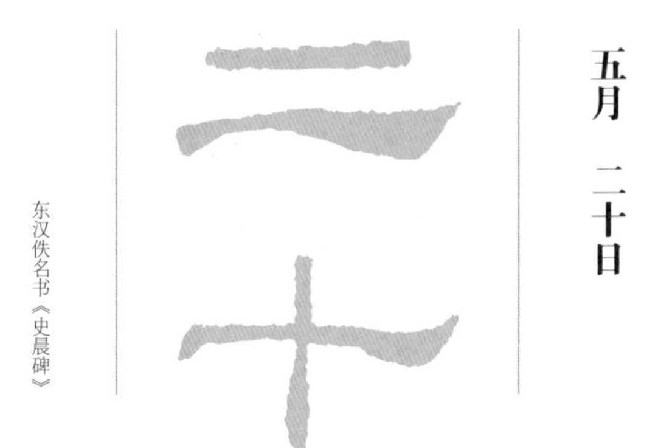

东汉佚名书《史晨碑》

《佛顶尊胜陀罗尼经咒》（传唐欧阳询书）

末你末你，怛闼多部多俱胝钵唎输提，毗萨普吒勃地输提，社耶社耶。

毗社耶毗社耶薩末羅
薩末羅

五月 廿一日

东汉佚名书《熹平石经》

《佛顶尊胜陀罗尼经咒》（传唐欧阳询书）

毗社耶毗社耶，萨末啰萨末啰。

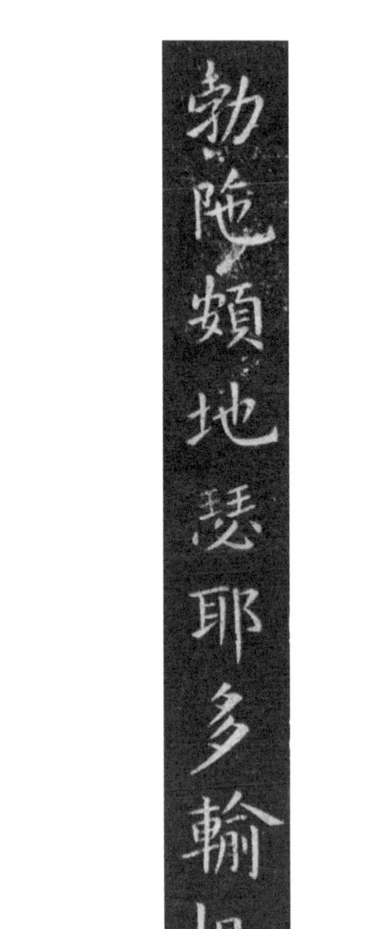
勃陁頞地瑟耶多輸提

五月 廿二日

东汉佚名书《张景碑》

《佛顶尊胜陀罗尼经咒》（传唐欧阳询书）

勃陀频地瑟耶多输提。

跋折唎跋折囉揭鞞跋
折藍婆伐都

五月　廿三日

东汉佚名书《乙瑛碑》

《佛顶尊胜陀罗尼经咒》（传唐欧阳询书）

跋折啰跋折啰揭鞞，跋折蓝婆伐都。

五月　廿四日

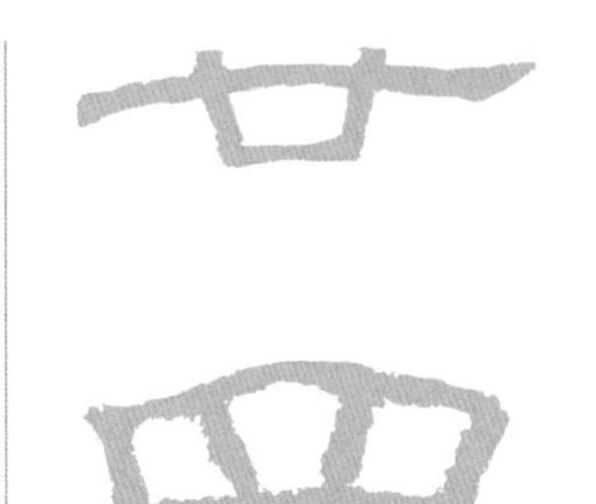

东汉佚名书《张景碑》

《佛顶尊胜陀罗尼经咒》（传唐欧阳询书）

么么（诵经时，此处加自己或他人名字——编者注）萨婆萨埵。

第五拔諾迦尊者
軒鼻呴口
數珠在手
萬法歸一
一法不受

五月 廿五日

廿五

东汉佚名书《鲜于璜碑》

五代贯休绘《十六罗汉像》拓片之五

排在第五位的是拔诺迦尊者，即《法注记》所载“诺距罗”。此尊者原是一名战士，后来出家当和尚，静坐修行成正果。世人称其为“静坐罗汉”。乾隆题赞曰：“轩鼻呴口，数珠在手。万法归一，一法不受。娑罗树下，兀然忘形。演无声偈，有童子听。”

第六躭沒囉跋陀尊者
灌頂豈顧著水田衣七
佛說偈都得聞之目窮
色空任其蹲鵲趺坐盤
陀行脚事畢

五月　廿六日

廿六

西晋佚名书《辟雍碑》

五代贯休绘《十六罗汉像》拓片之六

排在第六位的耽没啰跋陀尊者即《法注记》所载“跋陀罗”。跋陀罗原是佛祖侍者，主管洗浴事，近世禅林浴室中常供此像。相传，跋陀罗乘船渡海到东印度群岛传播佛法，世人称之为“过江罗汉”。乾隆题赞曰：“灌顶丰颐，著水田衣。七佛说偈，都得闻之。目穷色空，任其蚌鹬。趺坐盘陀，行脚事毕。”

那迦耶毗輸提

五月　廿七日

东汉佚名书《鲜于璜碑》

《佛顶尊胜陀罗尼经咒》（传唐欧阳询书）

那迦耶毗输提。

薩婆揭底鉢喇輸提

五月　廿八日

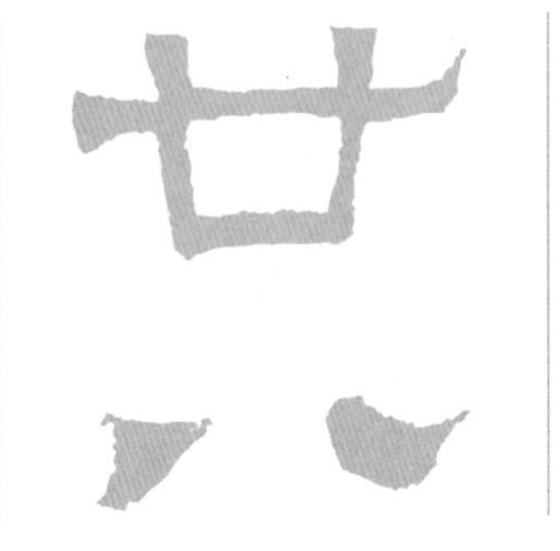

东汉佚名书《熹平石经》

《佛顶尊胜陀罗尼经咒》（传唐欧阳询书）

萨婆揭底钵唎输提。

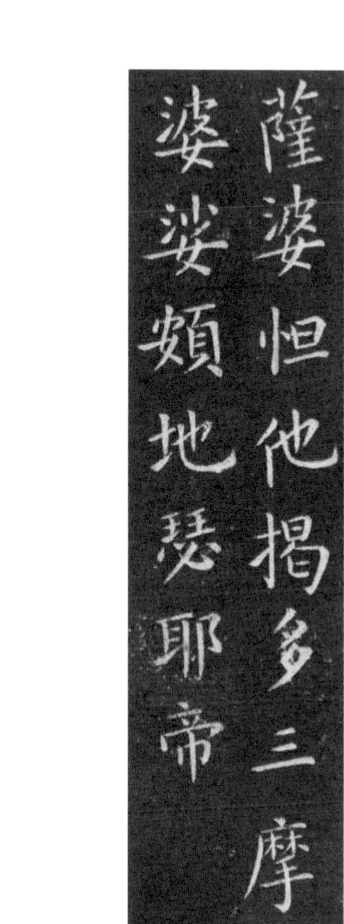
薩婆怛他揭多三摩濕
婆娑頻地瑟耶帝

五月　廿九日

东汉郭香察书《华山庙碑》

《佛顶尊胜陀罗尼经咒》（传唐欧阳询书）

萨婆怛他揭多，三摩湿婆娑颇地瑟耶帝。

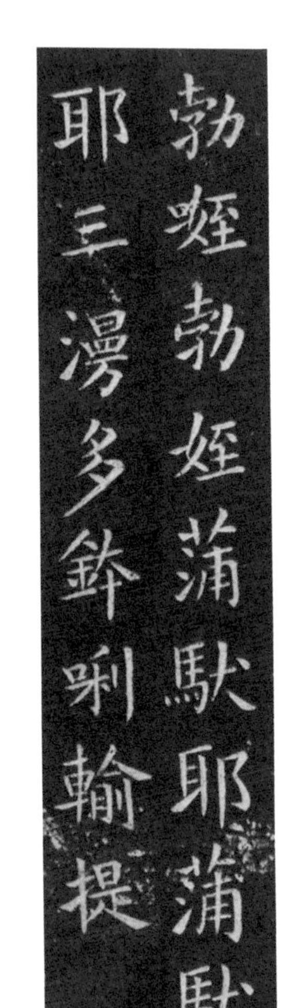
勃姪勃姪蒲馱耶蒲馱
耶三漫多鉢剌輸提

五月 三十日

清桂馥书条幅

《佛顶尊胜陀罗尼经咒》（传唐欧阳询书）

勃侄勃侄，蒲驮耶蒲陀耶，三漫多钵唎输提。

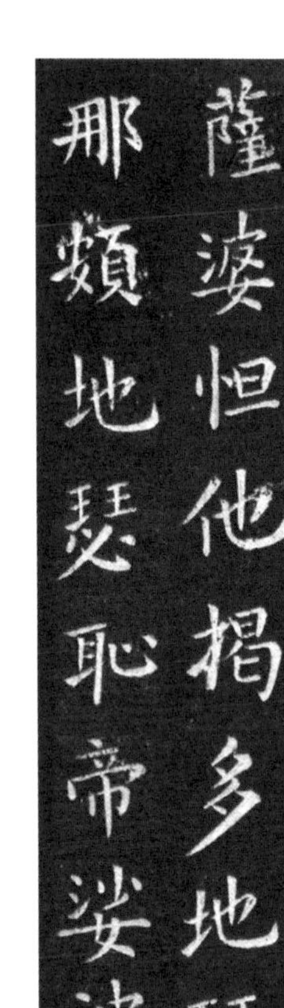

薩婆怛他揭多地瑟咤
那頻地瑟恥帝娑婆訶

五月 卅一日

东汉佚名书《韩仁铭》

《佛顶尊胜陀罗尼经咒》（传唐欧阳询书）

萨婆怛他揭多，地瑟咤那，頞地瑟耻帝，娑婆诃。

據石側膝手焉以息惟
是上人非語非默眉毛
拖地以手挽之詎云揀
擇示此絲々
第七迦理迦尊者

六月 一日

东汉佚名书《史晨碑》

五代贯休绘《十六罗汉像》拓片之七

排在第七位的迦理迦尊者本是一名驯象师，后为佛祖侍者。“迦理”即梵文“象”的音译，“迦里迦”意为骑象的人，世称“骑象罗汉”。从画像上可以看出，此尊者最大特征是长眉，怪不得乾隆像赞称其“眉毛拖地，以手挽之。讵云拣择，示此丝丝”。

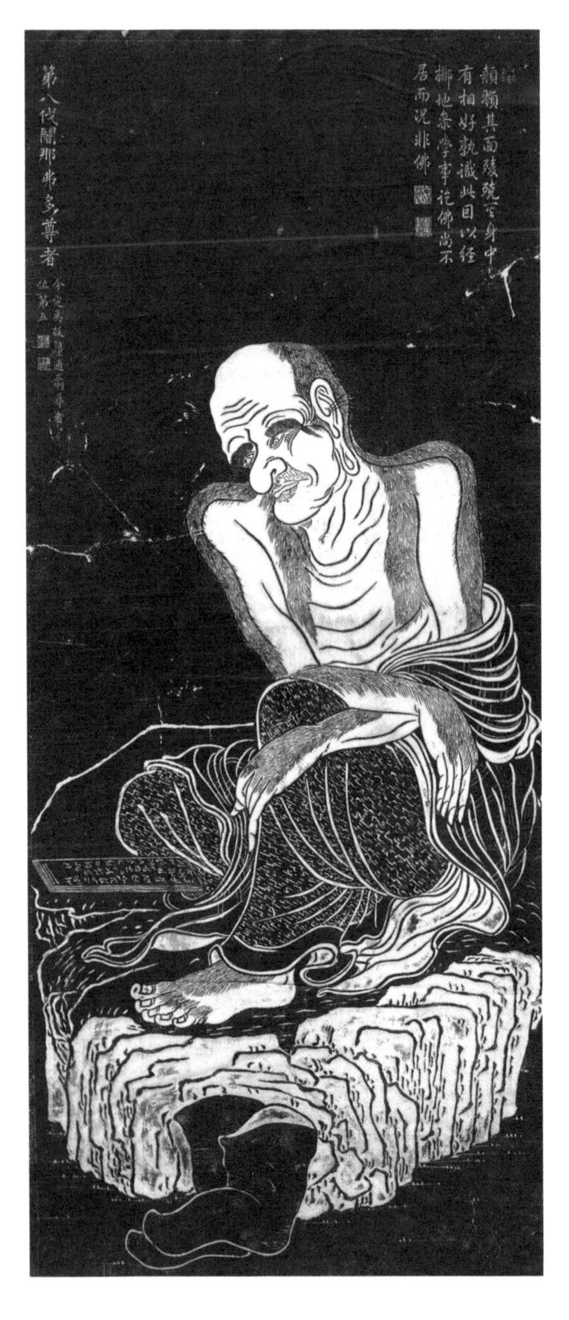
第八伐闍那弗多尊者
頹顏其面殘殘空身中
有相好孰識此目以經
擲地系學事詑佛尚不
居而況非佛

六月 二日

东汉佚名书《礼器碑》

五代贯休绘《十六罗汉像》拓片之八

排在第八位的伐阇那弗多尊者身体魁梧健壮，仪容庄严凛然。传说，由于他往生从不杀生，广积善缘，一生无病无痛，且有五种不死福力，故又称其为“金刚子”。此尊者经常将小狮子带在身边，世人又称他为“笑狮罗汉”。

如是我聞一時佛在舍衛國
祇樹給孤獨園與大比丘衆
千二百五十人俱

六月 三日

东汉佚名书《张迁碑》

《金刚经》选句（唐柳公权书）

如是我闻。一时，佛在舍卫国祇树给孤独园，与大比丘众千二百五十人俱。

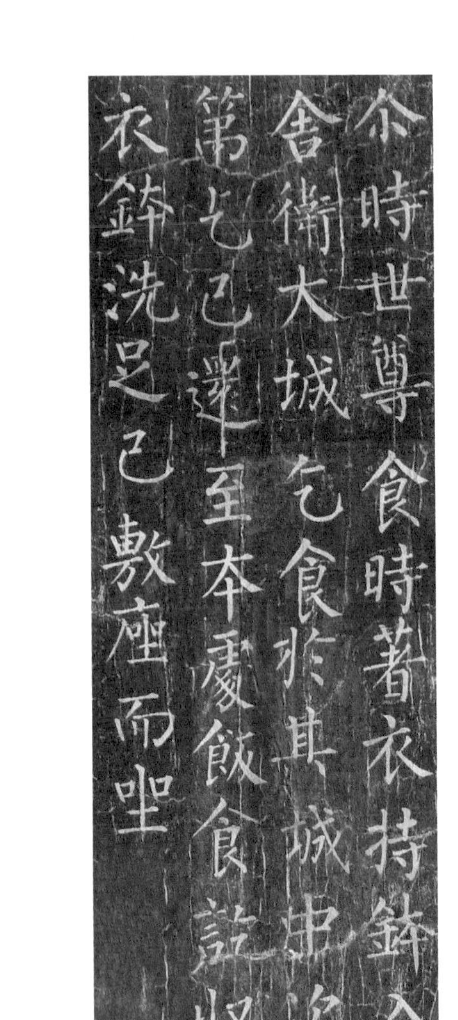
尒時世尊食時著衣持鉢入
舍衛大城乞食於其城中次
第乞已還至本處飯食訖收
衣鉢洗足已敷座而坐

六月　四日

东汉佚名书《张迁碑》

《金刚经》选句（唐柳公权书）

尔时，世尊食时著衣持钵，入舍卫大城乞食。于其城中次第乞已，还至本处。饭食讫，收衣钵，洗足已，敷座而坐。

善男子善女人發阿耨多羅
三藐三菩提心應云何住云
何降伏其心

六月 五日

东汉佚名书《鲜于璜碑》

《金刚经》选句（唐柳公权书）

善男子、善女人，发阿耨多罗三藐三菩提心，应云何住？云何降伏其心？

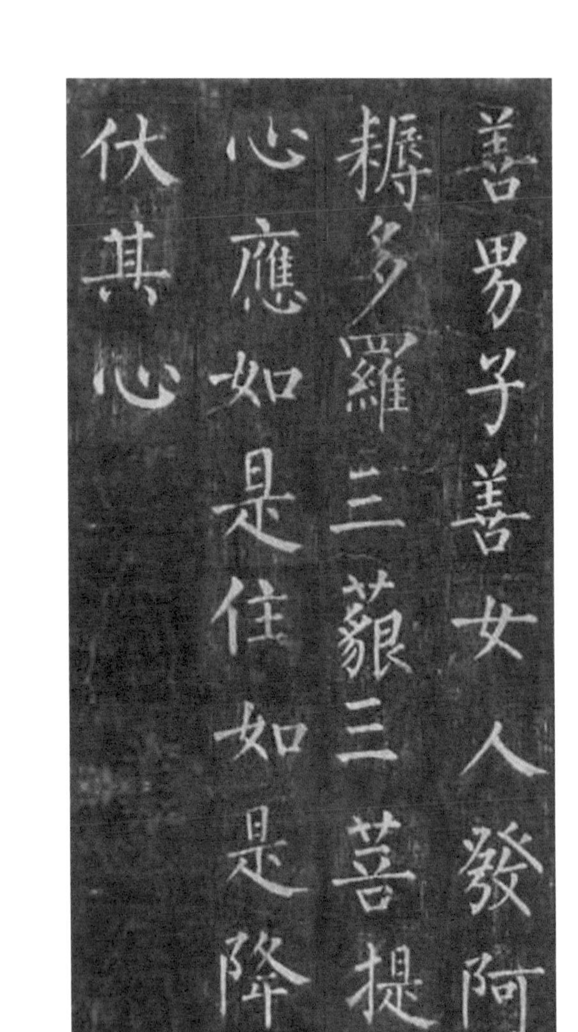
善男子善女人發阿
耨多羅三藐三菩提
心應如是住如是降
伏其心

《金刚经》选句（唐柳公权书）

善男子、善女人发阿耨多罗三藐三菩提心，应如是住，如是降伏其心。

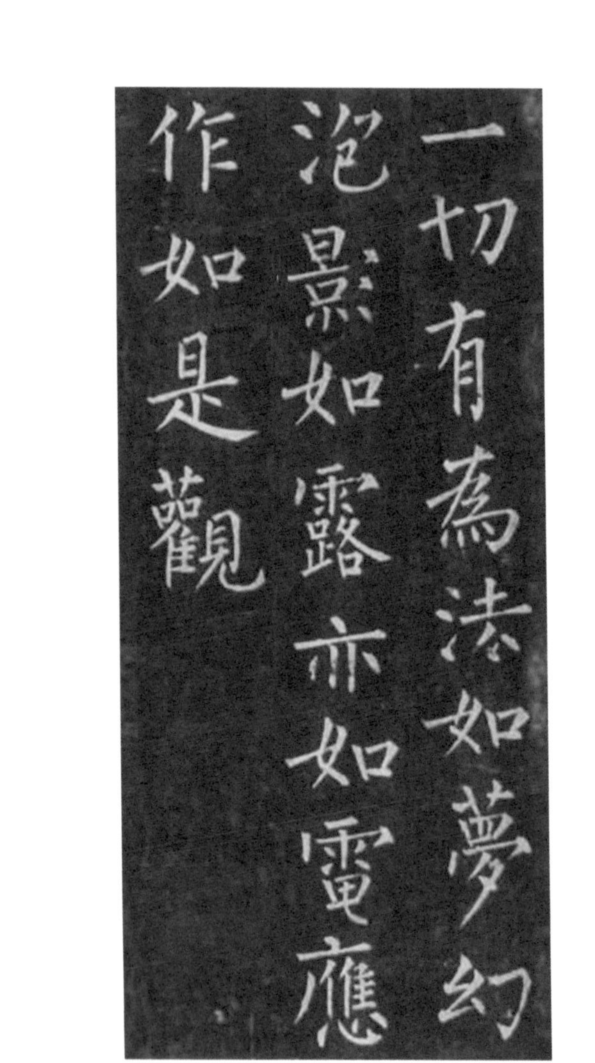
一切有爲法如夢幻
泡影如露亦如電應
作如是觀

六月 七日

东汉佚名书《熹平石经》

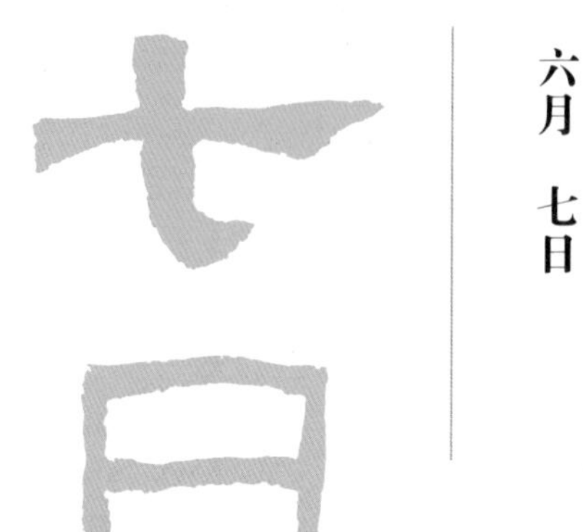

《金刚经》选句（唐柳公权书）

一切有为法，如梦幻泡影，如露亦如电，应作如是观。

扇取袪熱衣取蔽寒云
無寒熱是外道禪熱即
熱中寒離寒求金不復
殭冰仍是水
第九戒博迦尊者
今定爲鍋巴嘎尊者
位第十五

六月 八日

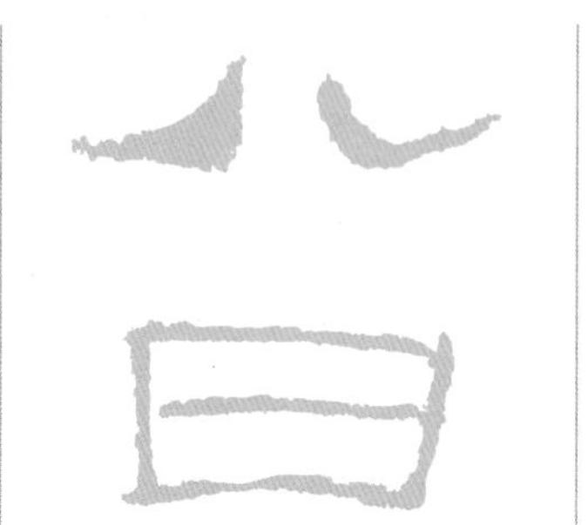

东汉佚名书《石门颂》

五代贯休绘《十六罗汉像》拓片之九

排在第九位的戒博迦尊者原为一国储君。弟弟作乱，他说："你来做国王，我去出家。"弟弟不信，他说："我的心中只有佛，不信你看！"解衣果然，弟弟便不再作乱。因此，世人又称其为"开心罗汉"。乾隆题赞曰："扇取袪热，衣取蔽寒。云无寒热，是外道禅。热即热中，寒离寒里。金不复矿，冰仍是水。"

第十半託迦尊者
了一切法悉如是經水
流石滚風過花馨示圓
圓地示光明藏立意掃
除是謂理障

六月　九日

唐李隆基书《石台孝经》

五代贯休绘《十六罗汉像》拓片之十

排在第十位的半托迦尊者相传是药叉神半遮罗之子。他打坐完毕习惯于双手举起、长嘘一口气，世人称其为“探手罗汉”。第十六罗汉注荼半托迦是半托迦尊者的同胞兄弟。兄智弟愚，但都成正果。乾隆题赞曰：“了一切法，参如是经。水流石冷，风过花馨。示囫囵地，示光明藏。立意扫除，是谓理障。”

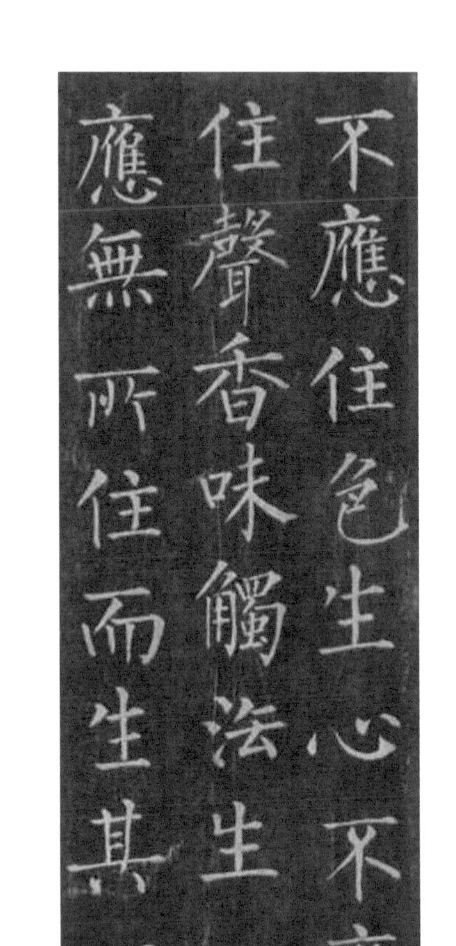

不應住色生心不應住聲香味觸法生心應無所住而生其心

六月 十日

十日

东汉佚名书《夏承碑》

《金刚经》选句（唐柳公权书）

不应住色生心，不应住声、香、味、触、法生心，应无所住而生其心。

凡所有相皆是虚妄

若見諸相非相則見

如来

六月 十一日

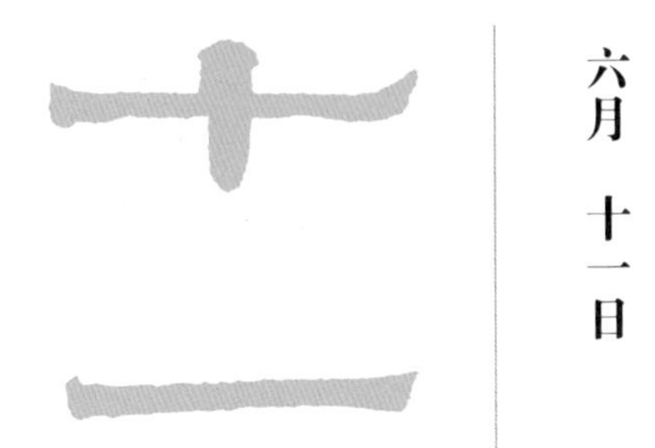

清伊秉绶书《光孝寺虞仲翔祠碑》

《金刚经》选句（唐柳公权书）

凡所有相，皆是虚妄。若见诸相非相，则见如来。

如来者無所從来亦
無所去故名如来

六月 十二日

清金农书条幅

《金刚经》选句（唐柳公权书）

如来者，无所从来，亦无所去，故名如来。

如来所説法皆不可
取不可説非法非非
法

六月 十三日

清桂馥书条幅

《金刚经》选句（唐柳公权书）

如来所说法，皆不可取，不可说，非法、非非法。

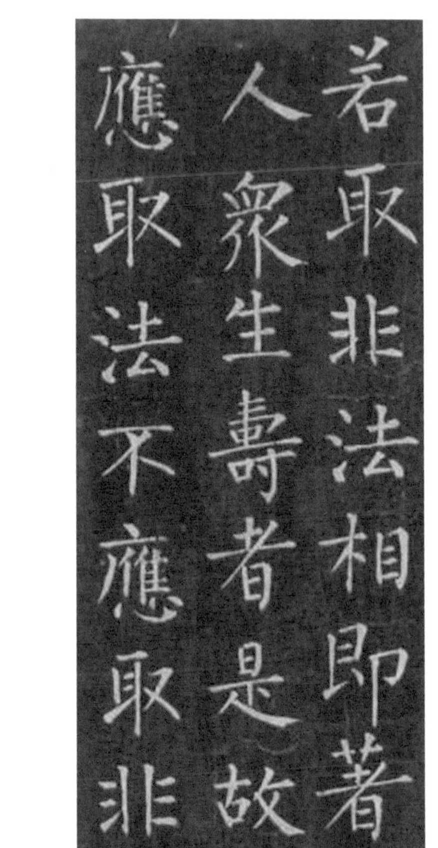
若取非法相即著我
人衆生壽者是故不
應取法不應取非法

《金刚经》选句（唐柳公权书）

若取非法相，即著我、人、众生、寿者，是故不应取法，不应取非法。

第十一羅怙羅尊者
尨眉瞪目若有所怒借
問佛子怒生何處喜為
怒對怒亦喜因畫師著
筆任其傳神

六月 十五日

十五

东汉佚名书《曹全碑》

五代贯休绘《十六罗汉像》拓片之十一

排在第十一位的罗怙罗尊者为佛祖独子，随父出家，成为佛陀十大弟子之一，号称“密行第一”。所谓“密行”，意指在沉思时能知人所知，在行动中能行人所不能行，因此世人称他为“沉思罗汉”。贯休为佛子的画像“亢眉瞪目，若有所怒”。乾隆题赞自问自答“借问佛子，怒生何处？喜为怒对，怒亦喜因。画师著笔，任其传神。”

曉目突額若鬼吏區見
者莫怖大慈真如呿呴
偃仰合掌雙手不聖不
凡非無非有
第十二那伽犀那尊者

六月 十六日

十六

东汉佚名书《赵宽碑》

五代贯休绘《十六罗汉像》拓片之十二

排在第十二位的那伽犀那尊者原是一位理论家，生于佛灭后，曾为古印度舍竭国国王讲法。他以“耳根清净”论闻名于世，故后世造像多取挖耳之形，称其为“挖耳罗汉”。不过，贯休笔下的尊者“哓目突额，若鬼臾区”。乾隆题赞安慰观者：“见者莫怖，大慈真如。”

如来是真語者實語

者如語者不誑語者

不異語者

六月 十七日

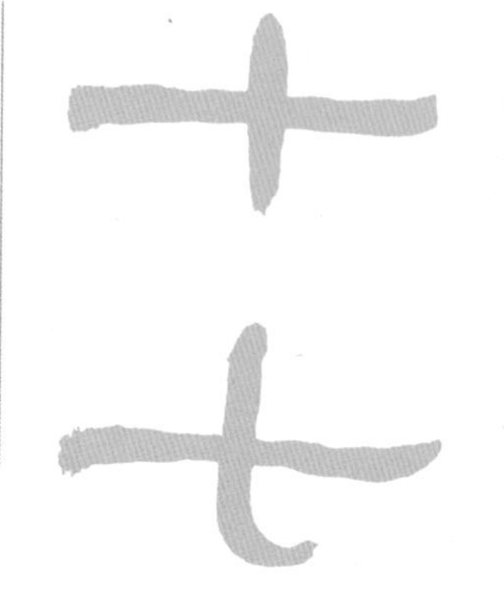

清何绍基书条幅

《金刚经》选句（唐柳公权书）

如来是真语者、实语者、如语者、不诳语者、不异语者。

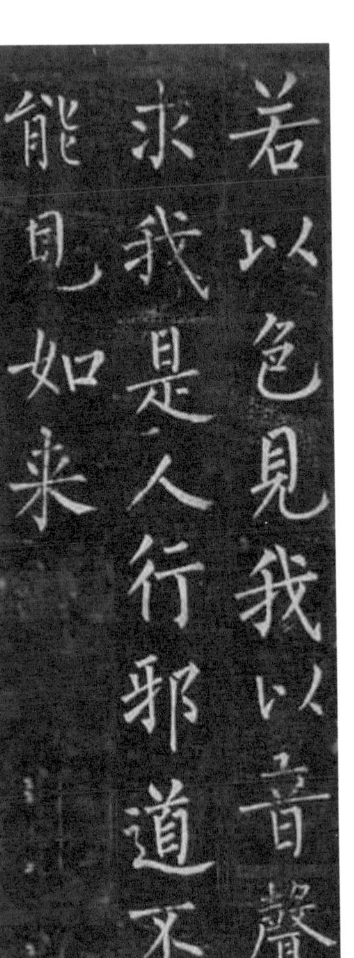
若以色見我以音聲
求我是人行邪道不
能見如来

六月 十八日

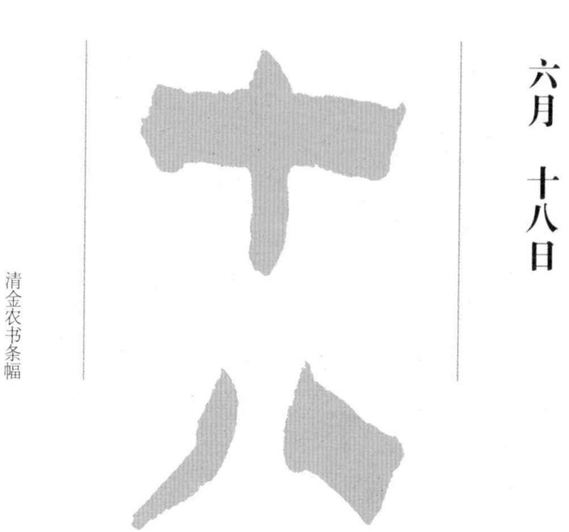
清金农书条幅

《金刚经》选句（唐柳公权书）

若以色见我，以音声求我，是人行邪道，不能见如来。

諸微塵如来說非微塵是名微塵如来說世界非世界是名世界

六月　十九日

十九

东汉佚名书《熹平石经》

《金刚经》选句（唐柳公权书）

诸微尘，如来说非微尘，是名微尘。如来说世界，非世界，是名世界。

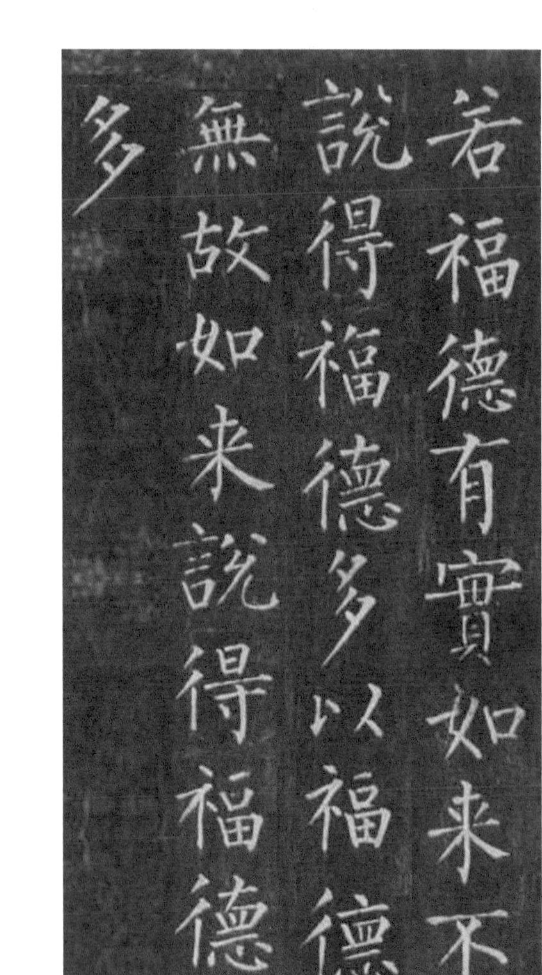

若福德有實如来不説得福德多以福德無故如来説得福德多

六月 二十日

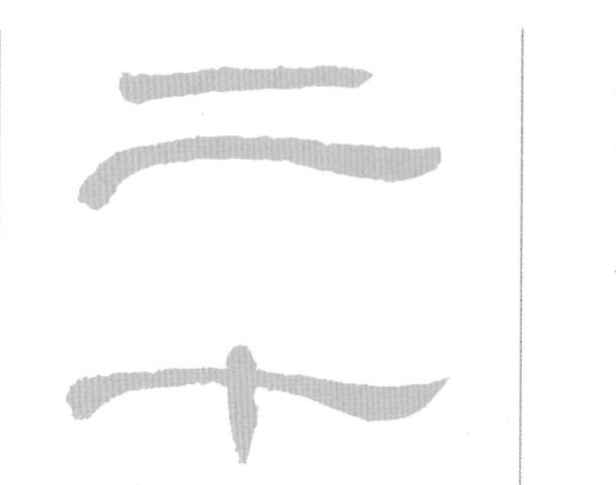

东汉佚名书《曹全碑》

《金刚经》选句（唐柳公权书）

若福德有实，如来不说得福德多。以福德无故，如来说得福德多。

以無我無人無衆生
無壽者修一切善法
則得阿耨多羅三藐
三菩提

六月 廿一日

东汉佚名书《熹平石经》

《金刚经》选句（唐柳公权书）

以无我、无人、无众生、无寿者修一切善法，即得阿耨多罗三藐三菩提。

第十三因揭陀尊者
衣披百衲杖扶一節梵
書貝帙注目横胸阿剌
吒迦若有所記記則不
無而非文字

六月 廿二日

廿二

东汉佚名书《鲜于璜碑》

五代贯休绘《十六罗汉像》拓片之十三

排在第十三位的因揭陀尊者原为古印度捕蛇人，常携带布袋入山捉蛇，又将蛇拔去毒牙放生，因发善心而证得阿罗汉果位。因他随身带一布袋，世人称他为“布袋罗汉”。因揭陀尊者曾被苏轼称颂道：“持经持珠，杖则倚肩。植杖而起，经珠乃闲。不行不立，不坐不卧。问师此时，经杖何在？”乾隆题赞曰：“衣披百衲，杖扶一筇。梵书贝帙，注目横胸。阿唎吒迦，若有所记。记则不无，而非文字。”

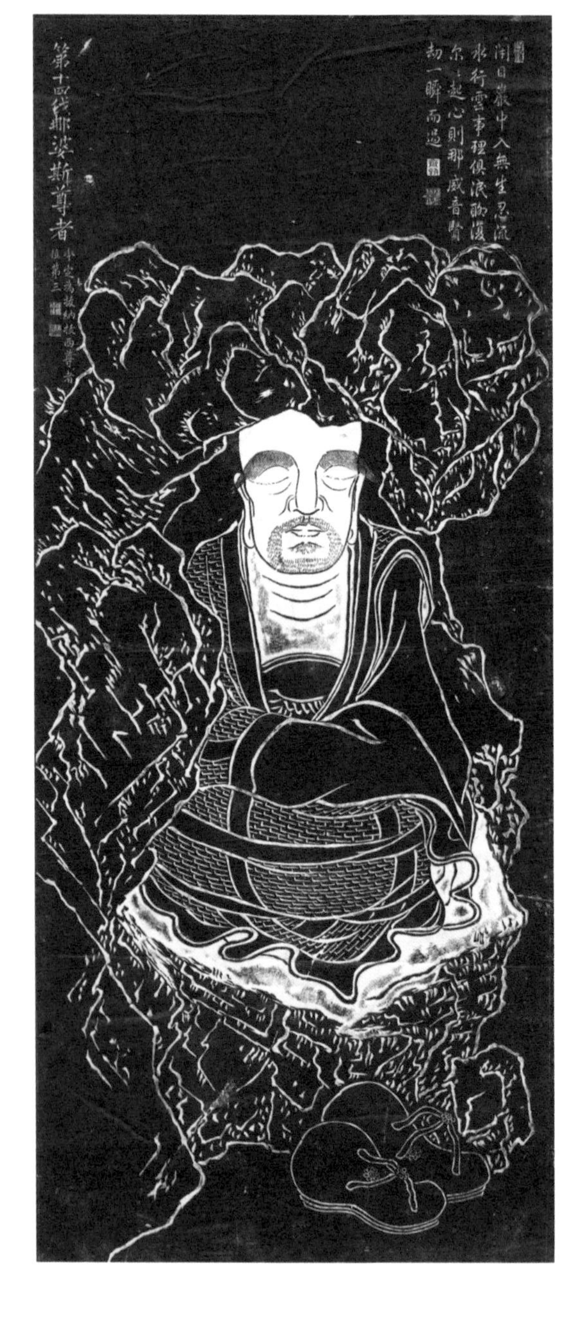
閒日巖中入無生忍流
水行雲事理俱泯聊復
尔尔起心則那威音前
劫一瞬而過
第十四伐那婆斯尊者
本定為拔納拔西尊者
像第三

六月　廿三日

东汉佚名书《乙瑛碑》

五代贯休绘《十六罗汉像》拓片之十四

排在第十四位的伐那婆斯尊者原是商人，相传出生时大雨如注，故名为“雨”（梵文音译为“伐那婆斯”）。他出家后常在芭蕉树下修行，世人又称他“芭蕉罗汉”。此尊者曾受苏轼称颂：“六尘既空，出入息灭。松摧石陨，路迷草合。逐兽于原，得箭忘弓。偶然汲水，忽焉相逢。”乾隆题赞曰：“闭目岩中，入无生忍。流水行云，事理俱泯。聊复尔尔，起心则那。威音贤劫，一瞬而过。”

若菩薩不住相布施
其福德不可思量

六月　廿四日

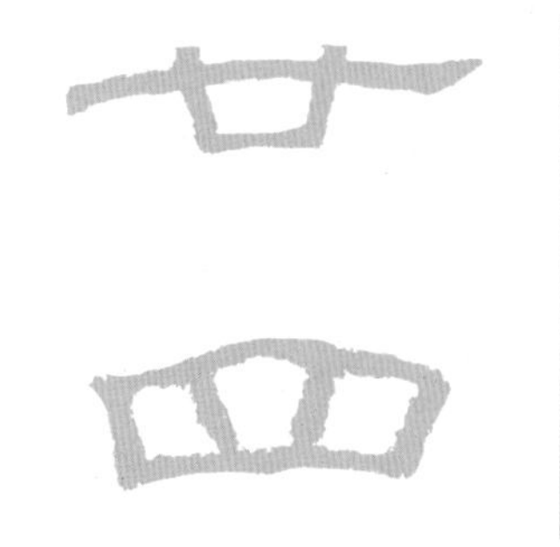

东汉佚名书《张景碑》

《金刚经》选句（唐柳公权书）

若菩萨不住相布施，其福德不可思量。

若當来世後五百歳
其有衆生得聞是經
信解受持是人則為
第一希有

六月 廿五日

西晋佚名书《辟雍碑》

《金刚经》选句（唐柳公权书）

若当来世，后五百岁，其有众生得闻是经，信解受持，是人则为第一希有。

若復有人聞此經典
信心不逆其福勝彼
何況書寫受持讀誦
爲人解說

六月　廿六日

东汉佚名书《熹平石经》

《金刚经》选句（唐柳公权书）

若复有人闻此经典，信心不逆，其福胜彼，何况书写、受持读诵，为人解说！

不取扵相如如不動

六月　廿七日

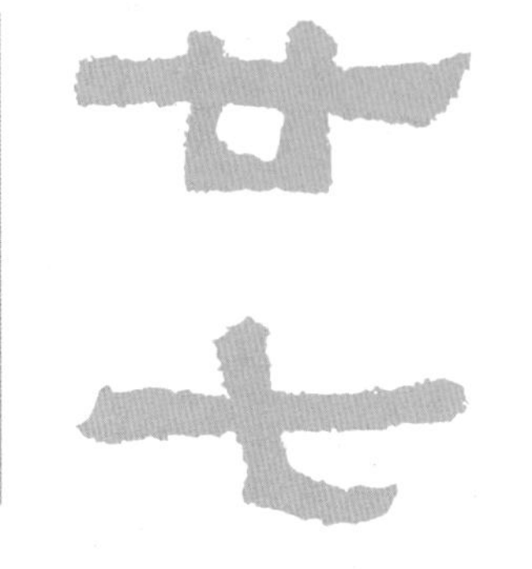

东汉佚名书《鲜于璜碑》

《金刚经》选句（唐柳公权书）

不取于相，如如不动。

佛說是經已長老須菩提及
諸比丘比丘尼優婆塞優婆
夷一切世間天人阿脩羅聞
佛所說皆大歡喜信受奉行

六月　廿八日

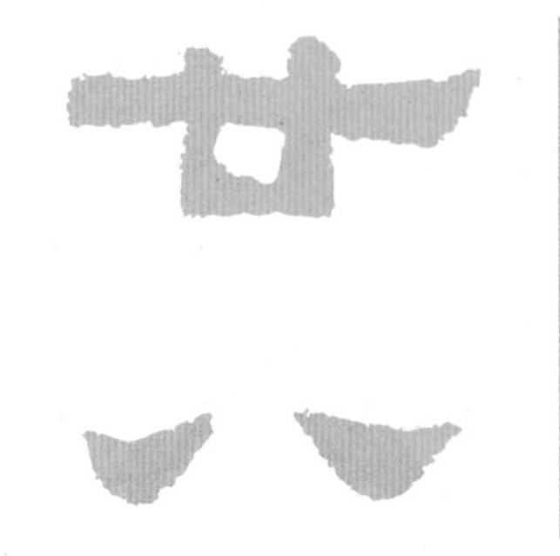

东汉佚名书《鲜于璜碑》

《金刚经》选句（唐柳公权书）

佛说是经已，长老须菩提及诸比丘、比丘尼、优婆塞、优婆夷，一切世间天、人、阿修罗，闻佛所说，皆大欢喜，信受奉行。

抱膝獨坐嗒然若忘心
是菩薩貌是鬼王左栴
檀塗右利刀割何怨何
恩平等解脫
第十五阿氏多尊者
今定為阿資答尊者
位第二

六月 廿九日

廿九

西晋佚名书《辟雍碑》

五代贯休绘《十六罗汉像》拓片之十五

排在第十五位的阿氏多尊者是佛陀侍者。传说，他前世即为和尚，修行到老，毛发脱尽，只剩下两条长眉，没有修成正果，死后投胎转世，也还带着长眉相。尊者的父亲见他有佛像，便送他出家，终成正果，世人称他为“长眉罗汉”。乾隆题赞曰：“抱膝独坐，嗒然若忘。心是菩萨，貌是鬼王。左旃檀涂，右利刀割。何怨何恩，平等解脱。”

第十六注荼半托迦尊者
今定為租查巴納嘎尊者
位第十一
倚槎枒樹憩傴僂身誰
為龠背誰為主賓示其
兩指以扇拂之擬摸不
得擬議即非

六月 三十日

五代贯休绘《十六罗汉像》拓片之十六

排在第十六位的注荼半托迦尊者是第十罗汉半托迦尊者的胞弟。虽然与哥哥相比，注荼半托迦生性愚钝，但是为人尽忠职守，修持之心坚定，也成罗汉，而且深受佛陀器重。相传，他化缘时直接用拳头拍门。佛陀就赐他一根锡杖。从此，他便摇杖乞食，闻者心生欢喜而布施。

五代以来也有“十八罗汉”的说法，但是，多出的两位各有异说。至清，乾隆定“佛陀十大弟子”之一迦叶为第十七“降龙罗汉”、弥勒尊者为第十八“伏虎罗汉”。从此，“十八罗汉”定型。

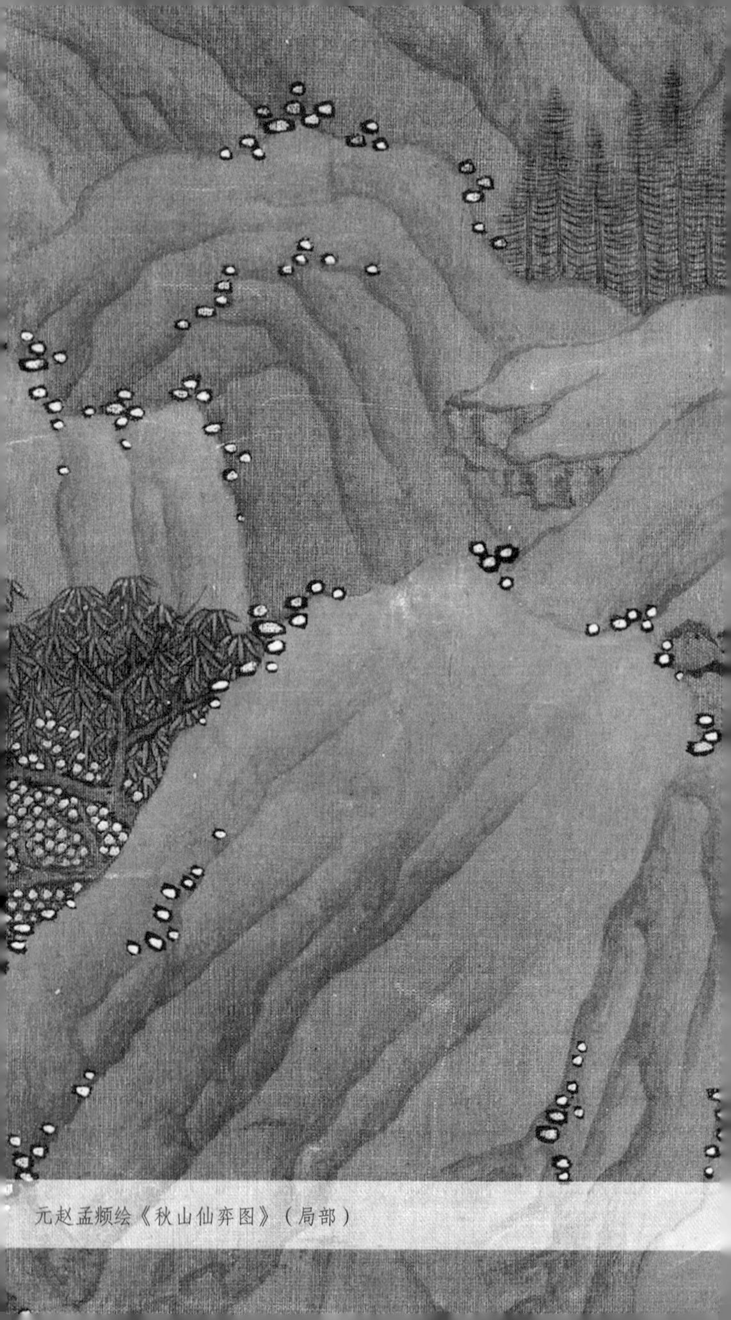

元赵孟頫绘《秋山仙弈图》（局部）

境·界

第三季

老君曰大道無形生育天地
大道無情運行日月大道無
名長養萬物吾不知其名强
名曰道

《太上老君说常清静经》选句（元赵孟頫书）

老君曰：大道无形，生育天地；大道无情，运行日月；大道无名，长养万物；吾不知其名，强名曰道。

夫道者有清有濁有動有靜天清地濁天動地靜男清女濁男動女靜降本流末而生萬物

七月 二日

东晋王徽之书《二日帖》

《太上老君说常清静经》选句（元赵孟頫书）

夫道者，有清有浊，有动有静；天清地浊，天动地静；男清女浊，男动女静；降本流末，而生万物。

清者濁之源動者靜之基人
能常清靜天地悉皆歸

七月 三日

（传）唐陆柬之书《文赋》

《太上老君说常清静经》选句（元赵孟頫书）

清者浊之源，动者静之基；人能常清静，天地悉皆归。

夫人神好清而心擾之心好
靜而欲牽之常能遣其欲而
心自靜澄其心而神自清自
然六欲不生三毒消滅

七月 四日

隋智永书《真草千字文》

《太上老君说常清静经》选句（元赵孟頫书）

夫人神好清，而心扰之；心好静，而欲牵之。常能遣其欲，而心自静；澄其心，而神自清；自然六欲不生，三毒消灭。

所以不能者為心未澄欲未
遣也能遣之者内觀其心心
無其心外觀其形形無其形
遠觀其物物無其物三者既
悟唯見於空

七月 五日

东晋王羲之书《十七帖》

《太上老君说常清静经》选句（元赵孟頫书）

所以不能者，为心未澄，欲未遣也。能遣之者，内观其心，心无其心；外观其形，形无其形；远观其物，物无其物；三者既悟，唯见于空。

七月 六日

唐李邕书《李秀碑》

汉佚名造博山炉

伴随求仙信仰和早期道教思想的盛行，西汉中期出现了一种山形炉盖香熏，后世称为“博山炉”。此炉盖如层峦叠嶂，熏香之时，烟气蒸腾缭绕，大有仙山在侧之缥缈意境。这与神仙家山岳崇拜和道教仙境信仰有关。

神山仙境之说源于中国上古神话。《山海经》载，昆仑山位于西北方，属西方仙境系统，上有西王母和诸多仙人异物，以及不死之药。伴随海上交通的兴起，战国时期又出现东海“三神山”（蓬莱、方丈和瀛洲）传说，属东方仙境系统。《史记》载，“三神山”在渤海中，是众仙人所居处，也盛产长生之药。

六朝以来，道教承袭神话传说，以昆仑山、“三神山”等为核心构建起“十洲三岛”仙境系统。隋唐之后，除神话传说中神山等仙境，许多现实中存在的名山胜地也被道教视为修道洞府。

七日

北宋苏轼书《李太白诗卷》

七月 七日

唐佚名制嫦娥月宫镜

“嫦娥奔月”的传说与昆仑山主神西王母的不死之药有关。据《淮南子》载，后羿历经千辛万苦，从西王母处求得长生药，但嫦娥偷食，后升仙奔月。道教将这一典故与另一个也与月亮有关的仙人传说“吴刚伐桂”混合，借取其中桂树、捣药玉兔等元素，构建了新嫦娥故事，使“升仙”成为唯一主题。唐代，以嫦娥月宫为背图的铜镜大兴，画面构成大同小异：一株桂树，飞升半空的嫦娥，跃跃欲跳的蟾蜍，以及持杵捣药的玉兔。

觀空亦空空無所空所空既
無無無亦無無無既無湛然
常寂

七月八日

唐张从申书《李玄静碑》

《太上老君说常清静经》选句（元赵孟頫书）

观空亦空，空无所空；所空既无，无无亦无；无无既无，湛然常寂。

寂無所染欲豈能生欲既不
生即是真靜真常應物真常
得性常應常靜常清靜矣

七月　九日

北宋米芾书《蜀素帖》

《太上老君说常清静经》选句（元赵孟頫书）

寂无所寂，欲岂能生；欲既不生，即是真静。真常应物，真常得性；常应常静，常清静矣。

如此清静，渐入真道。既入真道，名为得道。虽名得道，实无所得。为化众生，名为得道。能悟之者，可传圣道。

《太上老君说常清静经》选句（元赵孟頫书）

如此清静，渐入真道；既入真道，名为得道；虽名得道，实无所得；为化众生，名为得道；能悟之者，可传圣道。

老君曰上士無争下士好争
上德不德下德執德執著之
者不名道德

七月 十一日

十一

唐佚名书《栖岩寺智通禅师塔铭》

《太上老君说常清静经》选句（元赵孟頫书）

老君曰：上士无争，下士好争；上德不德，下德执德；执著之者，不名道德。

衆生所以不得真道者爲有妄心既有妄心即驚其神既驚其神即著萬物既著萬物即生貪求既生貪求即是煩惱

《太上老君说常清静经》选句（元赵孟頫书）

众生所以不得真道者，为有妄心。既有妄心，即惊其神；既惊其神，即著万物；既著万物，即生贪求；既生贪求，即是烦恼。

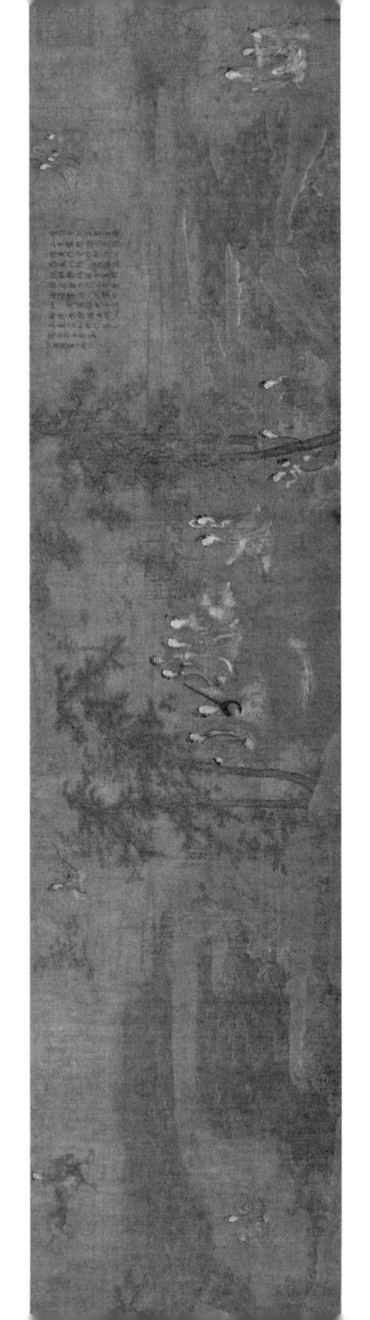

七月 十三日

唐颜真卿书《祭侄文稿》

五代阮郜绘《阆苑女仙图》

在《山海经》中，昆仑山是天帝的地上都城和百神所在，九门都有神兽守护，异常险峻。经道教改造，昆仑山更多了一种温婉闲适的“仙境”气质。西王母本是豹尾虎齿、掌管瘟疫刑罚的怪神，经过道教的打扮，日渐成为雍容威严而又慈祥的王母娘娘。

此一变化在《阆苑女仙图》中可见一斑。位于昆仑山巅的“阆风苑”是传说中西王母居住地。长卷中部以群仙聚会为主题，在云雾缭绕的松柏竹林间，西王母凝神览卷，侍女备办仙点，仙女或弹或舞，一派祥和景象。画卷左右两部分则是幽深险峻的仙岛礁岸和惊涛拍岸的瑶池翠水，烘托出仙境的梦幻迷离。

七月 十四日

元赵孟𫖯书尺牍

明佚名绘《蓬莱仙会图》

蓬莱是海上“三神山”之一。《史记》载，最早的蓬莱寻仙族当数战国时期齐国的威王、宣王和燕国的昭王。他们都曾派人下海寻仙，据说有人曾看到山上住着仙人，还有长生不老药。秦汉两代，由于秦始皇、汉武帝好求长生不死，多次兴师动众下海寻觅神山，但都未果而终。

这些社会行为给蓬莱披上神秘面纱，道教引为理想中的仙境，为历代艺术家的创作提供了更多想象和发挥空间。这幅旧题为元胡廷晖绘的《蓬莱仙会图》，经专家考证实为明代中晚期托名之作。尽管如此，它却是典型的带有仙味儿的雅集图：松柏山泉，亭台楼阁，错落有致；三五成群的仙人，悠闲自在，令人神往。

煩惱妄想憂苦身心便遭濁
辱流浪生死常沈苦海永失
真道

七月　十五日

南宋陆游书《自作诗卷》

《太上老君说常清静经》选句（元赵孟頫书）

烦恼妄想，忧苦身心，便遭浊辱，流浪生死，常沉苦海，永失真道。

真常之道悟者自得得悟之
者常清静矣

七月　十六日

明张瑞图书《感辽事作六首卷》

《太上老君说常清静经》选句（元赵孟頫书）

真常之道，悟者自得。得悟之者，常清静矣！

七月 十七日

唐欧阳询书《梦奠帖》

《阴符经》选句（传唐褚遂良书）

观天之道，执天之行，尽矣。

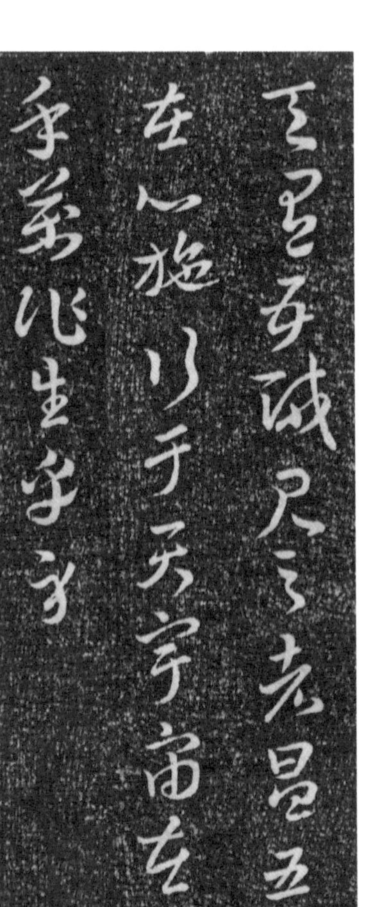

七月　十八日

唐颜真卿书《争座位帖》

《阴符经》选句（传唐褚遂良书）

天有五贼，见之者昌。五贼在心，施行于天。宇宙在乎手，万化生乎身。

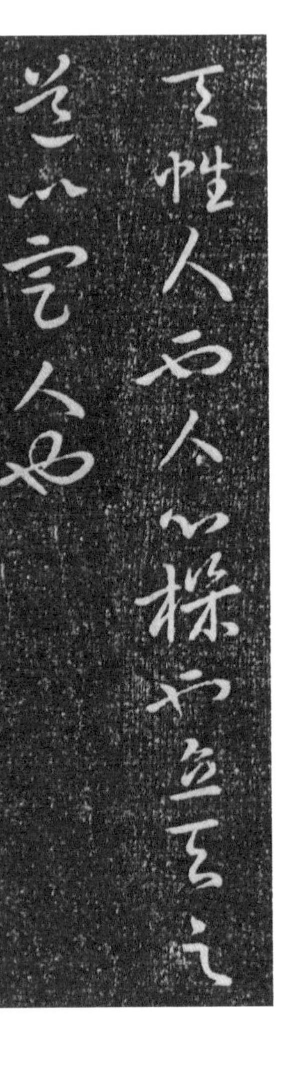

七月　十九日

北宋苏轼书《次辩才韵诗帖》

《阴符经》选句（传唐褚遂良书）

天性，人也；人心，机也。立天之道，以定人也。

明佚名制蓬岛仙壶砚

帝王级的寻仙族不仅扩大了蓬莱的神仙信仰，也促成了神山意境的落地生根。汉武帝寻仙未果，干脆临海筑城一座，命名“蓬莱”，后世则多一处寻仙胜地。在所有道教仙境主题艺术作品中，“蓬莱”为一大宗，融入日常生活而丝毫不违和。

比如，这款明代宣德年间制作的歙石蓬岛仙壶砚，砚背便刻有纹路细密的山水楼阁图。乾隆皇帝得此砚后，特于乾隆四十九年(1784 年)在墨池内壁题诗一首：“楼阁仙山涌海波，制从宣德仿宣和。同工书画殊为政，明帝过于宋帝多。”

南宋吴琚书册

清佚名制玉蓬莱山子

传说，蓬莱仙岛飘浮海上，虚无缥缈。现代科学一般认为，这不过是自然现象“海市蜃楼”引起的幻觉。我们不必苛求古人。也许，他们也未必信以为真，只不过当作化解人间烦恼的寄托。

这组刻于 18 世纪的玉蓬莱山子，随形赋物，玲珑剔透，望之如青绿山水。一般而言，任何形象进入摆件造型，便说明它的日常化。由此可知，蓬莱信仰在清代的大流行。

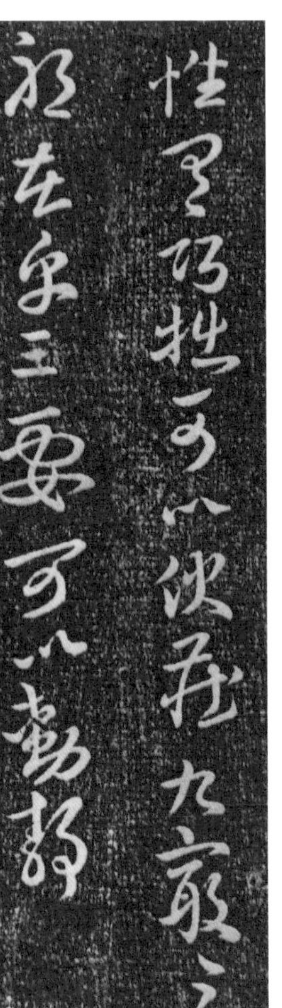

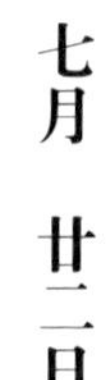

《阴符经》选句（传唐褚遂良书）

性有巧拙，可以伏藏。九窍之邪，在乎三要，可以动静。

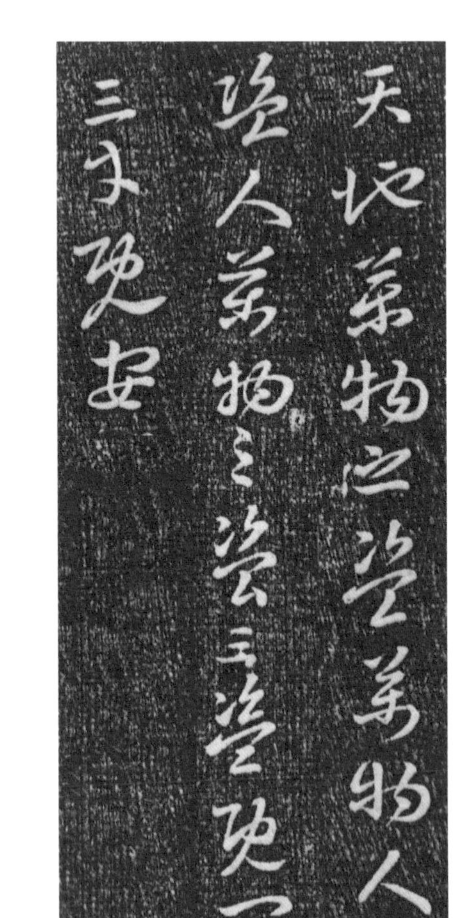
天地萬物之盜萬物人之
盜人萬物之盜三盜既宜
三才既安

七月　廿三日

廿三

东晋王羲之书《十七帖》

《阴符经》选句（传唐褚遂良书）

天地，万物之盗；万物，人之盗；人，万物之盗。三盗既宜，三才既安。

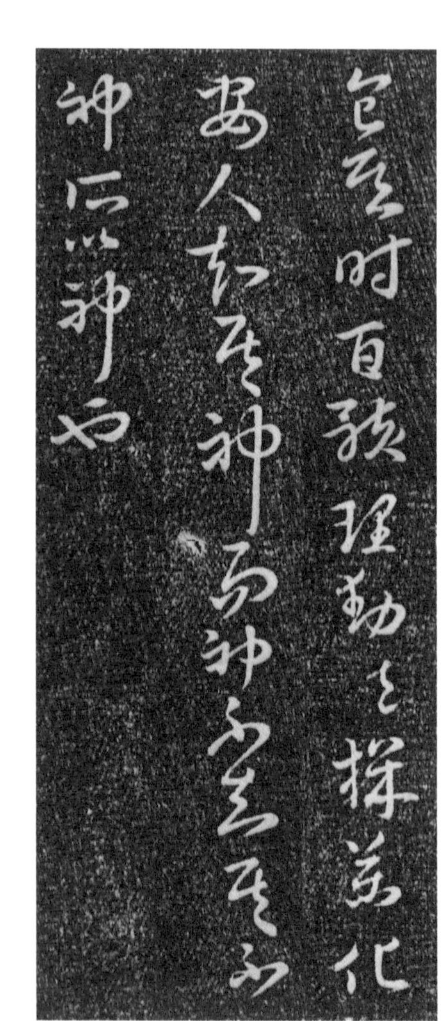

七月　廿四日

北宋米芾书《蜀素帖》

《阴符经》选句（传唐褚遂良书）

食其时，百骸理；动其机，万化安。人知其神而神，不知其不神所以神也。

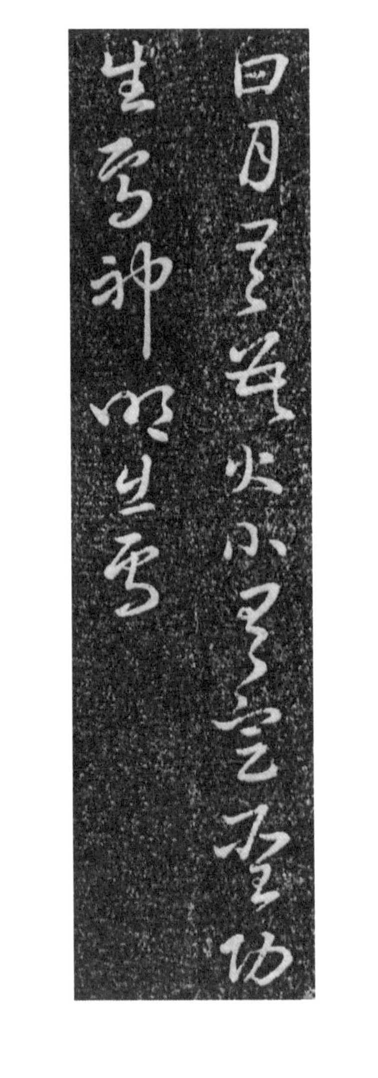

七月 廿五日

北宋蔡襄书尺牍

《阴符经》选句（传唐褚遂良书）

日月有数，大小有定，圣功生焉，神明出焉。

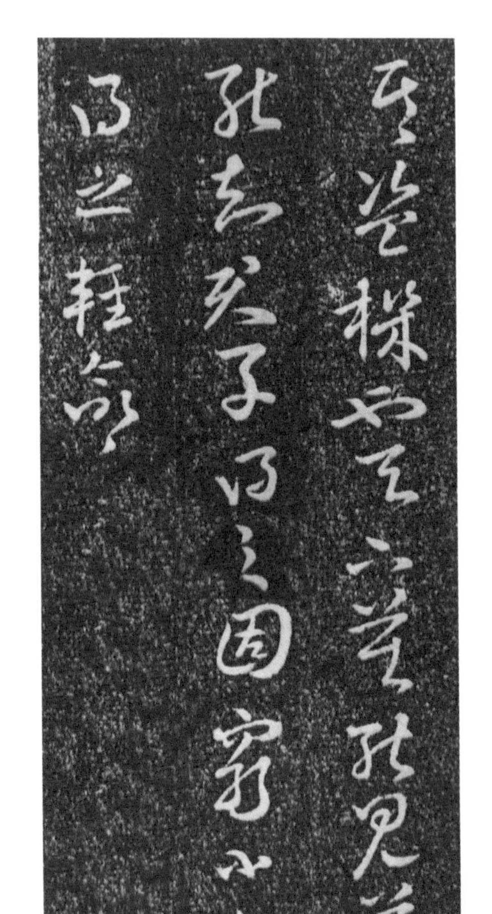

七月　廿六日

唐李邕书《李思训碑》

《阴符经》选句（传唐褚遂良书）

其盗机也，天下莫能见，莫能知。君子得之固躬，小人得之轻命。

壺圖
乾隆甲子暮春
御題

七月 廿七日

廿七

东晋王羲之书《十七帖》

明文伯仁绘《方壶图》

方壶即“三神山”中的“方丈”,《列子》改称“方壶”,并与岱舆、员峤、瀛洲和蓬莱并称“五山”。明代著名书画家文徵明之侄、吴派画家文伯仁晚年力作《方壶图》轴,受《史记》中关于“三神山”远望如云、近观沉水描述的启发,将“方壶”置于万顷波涛之中,山上群峰耸峙,白云缭绕,宫观楼台隐映青松翠柏间。此画构图极为大胆,下半部几乎只描绘大海。可以想见,这幅长达 1.2 米的青绿山水立轴悬挂于堂壁之上,观者目光自下至上欣赏而产生的震撼。

方壺勝境

海上三神山舟到風輒引去徒妄語耳要知金銀為宮闕亦何異人寰即境即仙自在我室何事遠求此方壺所為寓名也東為蕊珠宮西則三潭印月淨淥空明又闢一勝境矣

飛觀圖雲鏡水涵聳空松栢與天參高閣翽羽鳴應六曲渚寒蟾印有三魯匠營心非美事齊人搵擊只虛談爭如茅土仙人宅十二金堂比不慙

工部尚書臣汪由敦奉勅敬書

七月 廿八日

廿八

北宋苏轼书尺牍

清唐岱、沈源合绘《方壶胜境图》

道教修道成仙、追求长生的思想，不仅体现于远古神话的神山仙境传说及其相关艺术品中，而且直接影响了中国历代皇家园林建筑模式。据《史记》载，汉武帝建造的建章宫“其北治大池，渐台高二十余丈，名曰太液池，中有蓬莱、方丈、瀛洲、壶梁，象海中神山龟鱼之属”。此后，“一池三山”成为皇家园林的标准范式。

入清，“方壶胜境”作为圆明园四十景之一，表现出乾隆对仙境的追求。其实景虽已无存，但由清代文臣绘制的《方壶胜境图》多少能略补后人遗憾。不过，乾隆对“神山”自有看法。在画图上部由宫廷书法家汪由敦恭写的乾隆题诗并序中，乾隆谈及命名此一景点的理由。他认为，《史记》所载“海上三神山，舟到风辄引去，徒妄语耳”。他反问：“要知金银为宫阙，亦何异人寰？”他的结论是：“即境即仙，自在我室，何事远求？”这等于化人间为仙境，反而曲折地反映出道教的影响。

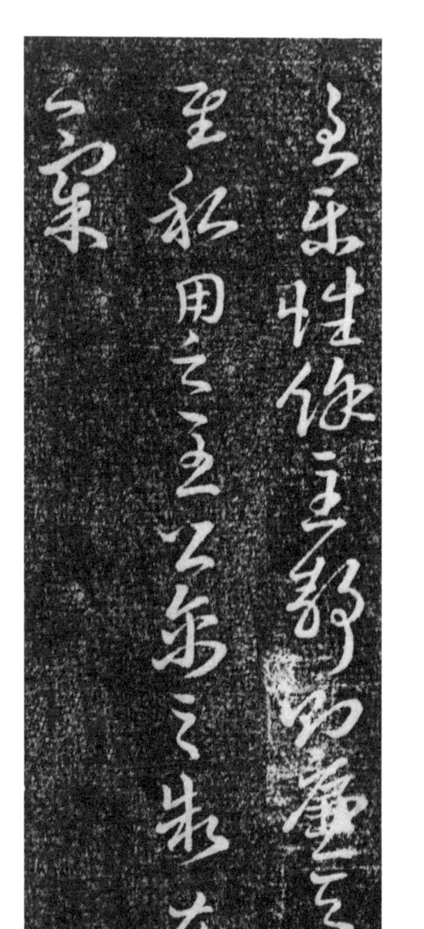

北宋米芾书《蜀素帖》

《阴符经》选句（传唐褚遂良书）

至乐性余，至静性廉。天之至私，用之至公。禽之制在气。

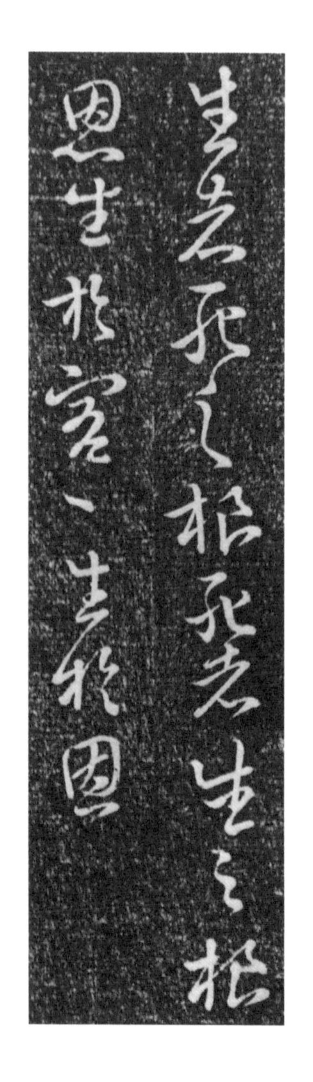
生者死之根死者生之根
恩生於害害生於恩

七月　三十日

北宋苏轼书《李太白诗卷》

《阴符经》选句（传唐褚遂良书）

生者死之根，死者生之根。恩生于害，害生于恩。

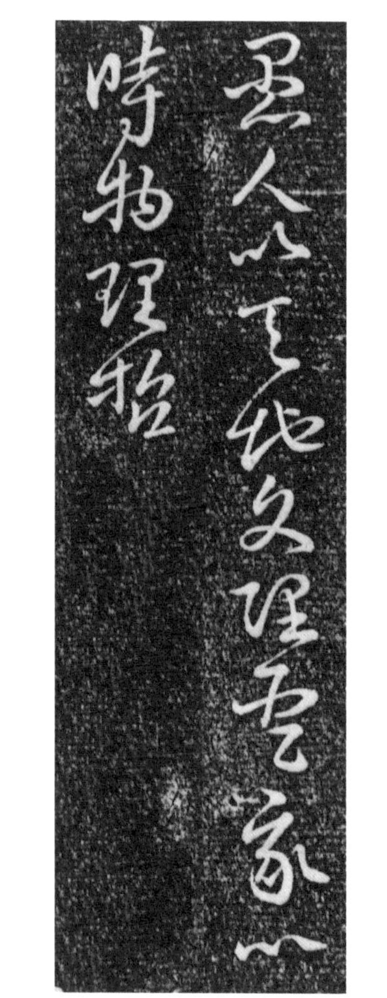

七月 卅一日

（传）吴皇象书《急就章》

《阴符经》选句（传唐褚遂良书）

愚人以天地文理圣，我以时物【文】理哲。

有無相生難易相成長短相
形高下相傾音聲相和前後
相隨

八月 一日

清王铎书条幅

《道德经》选句（清石涛书）

有无相生，难易相成，长短相形，高下相倾，音声相和，前后相随。

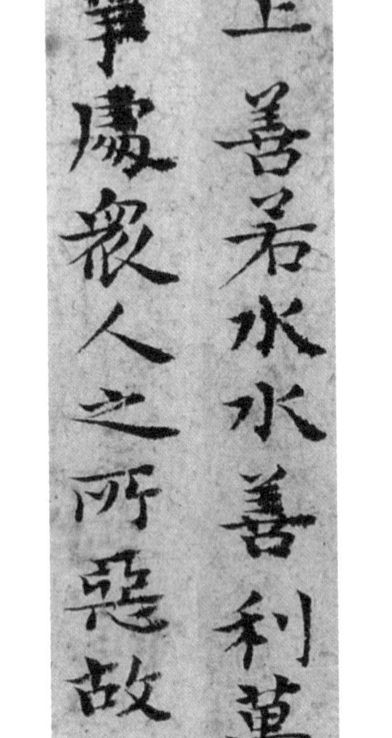
上善若水水善利萬物而不
爭處衆人之所惡故幾於道

八月　二日

元鲜于枢书《王安石杂诗卷》

《道德经》选句（清石涛书）

上善若水。水善利万物而不争，处众人之所恶，故几于道。

八月 三日

明张瑞图书《感辽事作六首卷》

唐佚名制飞仙四岳铜镜

中国人的山岳崇拜是原始宗教、神话传说、阴阳五行思想和帝王封禅等因素结合的产物。先秦时期，首先出现未确指的“四岳”说法，后被泛指四方之山。汉武帝至汉宣帝时期，“五岳”概念最终形成，以中原为中心，依东、西、南、北、中方位命名五座名山，即东岳泰山、西岳华山、南岳衡山、北岳恒山（以上简称“四岳”）和中岳嵩山。

由于对自然的特别推崇，道教将风景秀丽、人迹罕至的大山或山水一境誉

八月　四日

明文徵明书《行书诗卷》

为洞天福地，是众仙所居、道士修炼之所。一般认为，最迟至东晋，由十大洞天、三十六小洞天和七十二福地构成的“洞天福地”圣地体系已经形成。“五岳”即在“三十六小洞天”之列。

这面盛唐时期的葵花方型铜镜，四角分饰翔空仙女，四边中间各有一山，彰显出神仙与四岳的道教信仰。

居善地心善淵與善人言善
信政善治事善能動善時夫
唯不爭故無尤

八月　五日

明董其昌书《菩萨藏经后序》

《道德经》选句（清石涛书）

居善地，心善渊，与善人（仁），言善信，政善治，事善能，动善时。夫惟不争，故无尤。

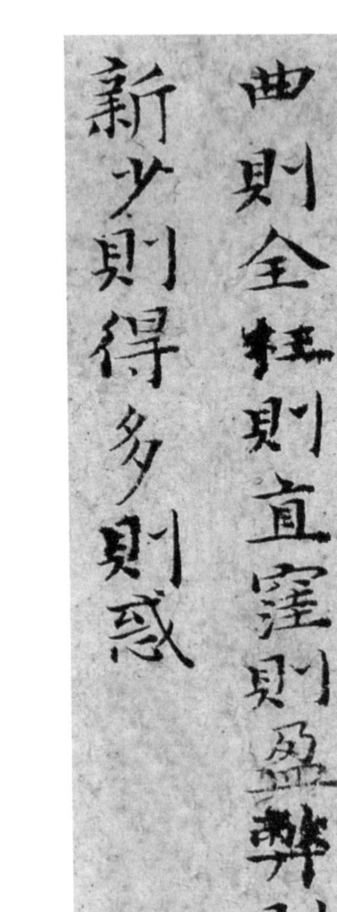
曲則全枉則直窪則盈弊則
新少則得多則惑

八月　六日

元赵孟頫书尺牍

《道德经》选句（清石涛书）

曲则全，枉则直，洼则盈，弊（敝）则新，少则得，多则惑。

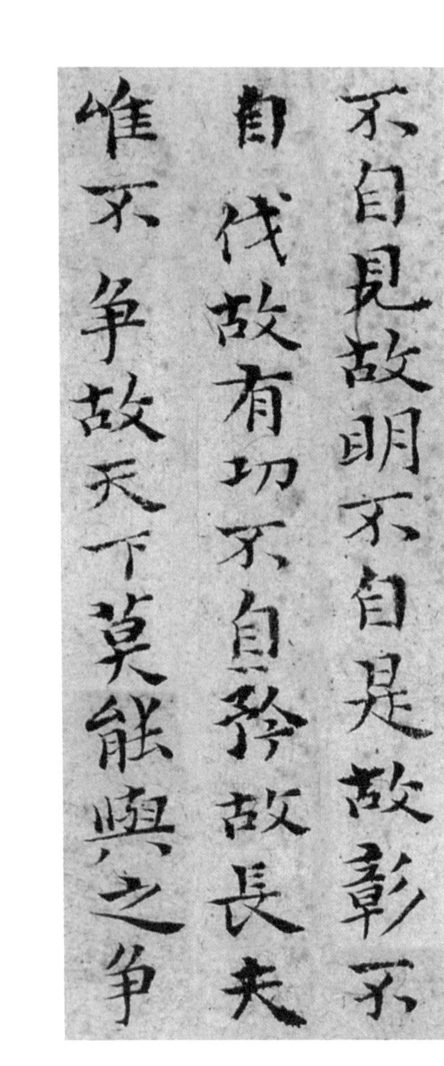
不自見故明不自是故彰不
自伐故有功不自矜故長夫
唯不爭故天下莫能與之爭

八月 七日

北宋苏轼书《李太白诗卷》

《道德经》选句（清石涛书）

不自见，故明；不自是，故彰；不自伐，故有功；不自矜，故长。夫唯不争，故天下莫能与之争。

跂者不立跨者不行自見者
不明自是者不彰自伐者無
功自矜者不長

八月 八日

唐张从申书《李玄静碑》

《道德经》选句（清石涛书）

跂（企）者不立，跨者不行，自见者不明，自是者不彰，自伐者无功，自矜者不长。

知人者智自知者明勝人者有
力自勝者强知足者富强行者
有志不失其所者久死而不亡
者壽

八月 九日

南宋吴琚书册

《道德经》选句（清石涛书）

知人者智，自知者明。胜人者有力，自胜者强。知足者富。强行者有志。不失其所者久。死而不亡者寿。

八月 十日

北宋米芾书《谢忱帖》

十日

东汉郭香察书《华山庙碑》拓片

“五岳”之一华山古称“西岳”，位于陕西省渭南市华阴市，以险峻著称，是中华文明发祥地。在“洞天福地”体系中，华山位列“三十六小洞天”的“第四洞天”，是道教全真派圣地。

道教认为，西岳华山之神“主管世界珍宝五金之属，陶铸坑冶，兼羽毛飞禽之类”。史载，三皇五帝在每年八月亲至华山烧柴祭天。为敬重其事，汉武帝建集灵宫（西岳庙前身），后荒废。

汉桓帝延熹四年（161 年）至延熹八年（165 年），两任当地主官接力完成重建工程，立碑纪念，同时记载此前历代官方祭华简史，是为东汉名碑《华山庙碑》。唐代以前，碑铭书写者一般不留名，但《华山庙碑》却罕见地署有“郭香察书”。

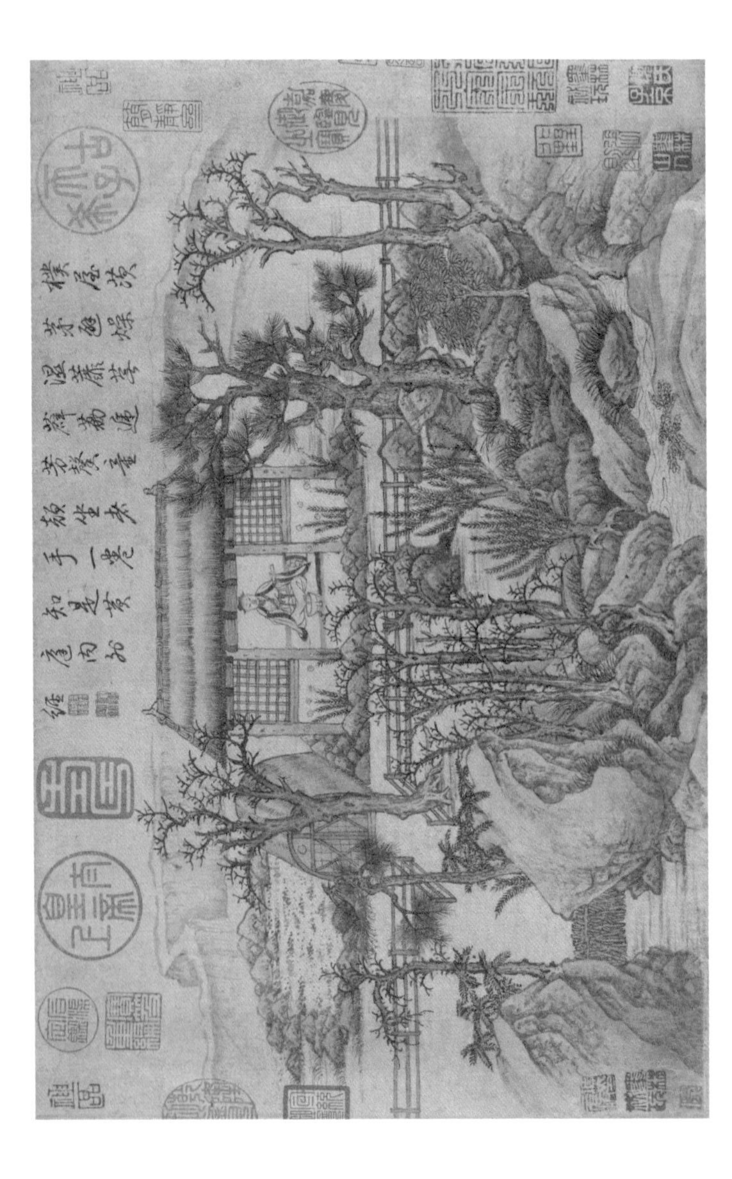

八月 十一日

十一

南宋陆游书《自作诗卷》

（传）唐卢鸿绘《草堂十志图卷》（局部）

嵩山地处今河南郑州登封市境内，以雄伟险峻的七十二峰著称，位列“三十六小洞天”中的第六位，是道教全真教派圣地。作为上古祭祀山神传统的延续，自秦汉以来，随着汉武帝、唐武则天、唐玄宗、清高宗等封建帝王的朝拜，嵩山以中岳庙和崇福宫为主要道场，吸引了以北魏寇谦之、唐刘道合、宋丘处机等为代表的历代高道前来隐居修道。嵩山由此成为中国隐士的圣地之一。

约生活于七至八世纪间的唐代诗人、画家卢鸿为人清高，隐居嵩山。传为唐卢鸿绘就的水墨画《草堂十志图卷》描绘了隐居地的十处嵩山景物，并各配志词，歌咏隐逸生活。

將欲噏之必固張之將欲弱之必
固强之將欲癈之必固興之將欲
奪之必固與之是謂微明

《道德经》选句（清石涛书）

将欲歙之，必固张之；将欲弱之，必固强之；将欲废之，必固兴之；将欲取之，必固与之。是谓微明。

柔之勝剛弱之勝强

八月　十三日

东晋王羲之书《兴福寺半截碑》

《道德经》选句（清石涛书）

柔之胜刚，弱之胜强。

明道若昧進道若退夷道若纇
上德若谷大白若辱廣德若不
足建德若偷質真若渝大方無
隅大器晚成大音希聲大象無
形道隱無名

八月 十四日

十四

唐李邕书《麓山寺碑》

《道德经》选句（清石涛书）

明道若昧；进道若退；夷道若颣；上德若谷；大白若辱；广德若不足；建德若偷；质真若渝；大方无隅；大器晚成；大音希声；大象无形；道隐无名。

天下之至柔馳騁天下之至堅無有

入於無間是以知無為之有益也

八月 十五日

东晋王羲之书《集王圣教序》

《道德经》选句（清石涛书）

天下之至柔，驰骋天下之至坚。无有入于无间，【吾】是以知无为之有益也。

大成若缺其用不敝大盈若沖其
用不窮大直若屈大巧若拙大辯
若訥

八月 十六日

唐佚名书《栖岩寺智通禅师塔铭》

《道德经》选句（清石涛书）

大成若缺，其用不敝（弊）。大盈若冲，其用不穷。大直若屈，大巧若拙，大辩若讷。

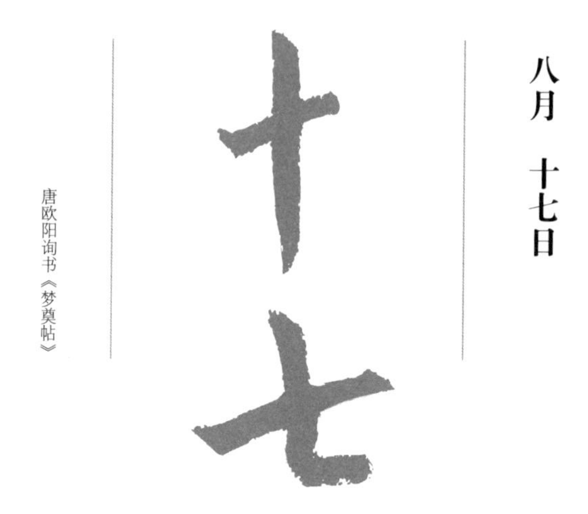

清王翚等绘《康熙南巡图》卷三（局部）

“泰山安，四海安”，泰山是具有世界影响力的中国符号之一。在中国古代传统文化中，东方被认为是日之出始、万物交替、初春发生之地，故泰山有“五岳之长”的高誉。中国人崇拜泰山之神——东岳大帝，历代封建统治者视在泰山封禅和祭祀为国事。

清圣祖玄烨——康熙帝为了解民情、视察河防、巩固统治，在康熙二十三年（1684年）至康熙四十六年（1707年）间曾进行6次规模浩大的南巡考察，其中三祀泰山，两次登顶。

康熙二十八年（1689年）在第二次南巡中，康熙率随从到泰山致礼，没有登顶。回京之后，康熙帝命绘记载历程的《南巡图》。曹寅（曹雪芹父亲）之弟曹荃担任“《南巡图》监画”，征召“清初四王”之一的王翚领衔主绘，六年始成。《康熙南巡图》以工笔设色的写实风格描绘了第二次南巡的主要过程，共十二卷。第三卷以山东境内情景为主题，现藏纽约大都会艺术博物馆。

幽[illegible]閑已多年喜[illegible]數株[illegible]老長[illegible]不剪
竹[illegible]製就烹茶供汲瀑調羹勝酒泉縱目大觀巔頂上
來滿袖白雲還 至正癸未德與劉伯溫訂朝白岳[illegible]
桐江經嚴臺上睦州路閑水碎心懷[illegible]而上於萬山之
皆已十有之天里月笑[illegible]而仲幾十里始[illegible]一天門叅謁聖
跡[illegible]山川無[illegible]天[illegible]峰像洞珠簾遠[illegible]而叅天穿雲森
列前詢及鄉人春以黃山計一日程可至其間於是乘興悠[illegible]見
松奇石[illegible]峭壁飛瀑溫泉丹井[illegible]語
我心自適我神[illegible]及[illegible]江[illegible]金陵[illegible]四
入[illegible]前兩劉[illegible]仙山[illegible]不已於是[illegible]
[illegible]勉[illegible]
黃[illegible]人[illegible]作併[illegible]于[illegible]
[illegible]四十年後學張[illegible]

[illegible]隱無事日長閑寸
山人[illegible]觀瀑之知
過雨[illegible]松[illegible]
[illegible]霞[illegible]僧[illegible]種
悔因[illegible]莫問朝[illegible]
日桃[illegible]紅[illegible]野[illegible]遠
[illegible]田劉基[illegible]

八月　十八日

唐颜真卿书《争座位帖》

明冷谦绘《白岳图》

齐云山古称白岳山，位于今安徽黄山市休宁县境内。此山自唐代以来始有道名，系中国四大道教名山（安徽齐云山、湖北武当山、四川青城山、江西龙虎山）之一。

元至正三年（1343 年）秋天，齐云山迎来两位大神人。道士冷谦约后来成为明代政治家、文学家的刘基同游白岳山，应后者要求画图纪游。两位好友还在画上题跋唱和，引得后代览者、明代政治家张居正在万历四年（1576 年）春天附赞："斯画斯题，我亦神驰。钦哉敬哉，二大仙师。"

冷谦本是位冷门人物，自当代武侠小说家金庸将他写进《射雕英雄传》后，渐为大众所知。史载，冷谦长于音乐，曾在明初洪武年间被召为协律郎，制定乐章，还精通运动健身法。至于冷谦的画作，显然不是实力派，更像是天才迸发的文人手笔，与同样笃信道教的元代画家黄公望代表作《富春山居图》是两个路数。

禍莫大於不知足咎莫大於欲淂
故知足之足常足

八月 十九日

北宋蔡襄书《自书诗卷》

《道德经》选句（清石涛书）

祸莫大于不知足，咎莫大于欲得。故知足之足，常足。

聖人無常心以百姓心為心

八月 二十日

《道德经》选句（清石涛书）

圣人无常心，以百姓心为心。

善者吾善之不善者吾亦善之
淂善矣信者吾信之不信者吾
亦信之得信

八月 廿一日

东晋王羲之书《集王圣教序》

《道德经》选句（清石涛书）

善者，吾善之；不善者，吾亦善之；得善矣。信者，吾信之；不信者，吾亦信之；得信。

知者不言言者不知

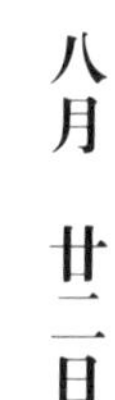

《道德经》选句（清石涛书）

知者不言，言者不知。

圖難於其易為大於其細天下
難事必作於易天下大事必作
於細

八月　廿三日

东晋王羲之书《十七帖》

《道德经》选句（清石涛书）

图难于其易，为大于其细；天下难事，必作于易，天下大事，必作于细。

八月 廿四日

廿四

北宋米芾书《蜀素帖》

（传）五代梁荆浩绘《匡庐图》

庐山位于今江西省北部，以雄、奇、险、秀的风景特色闻名于世，传说为周朝隐士匡俗结庐隐居之地，故又称匡庐或匡山。元封五年（前106年），汉武帝在巡狩南方时曾至庐山，封匡俗为“南极大明公”。庐山由此出名，引得后世道教徒纷来，如东汉五斗米教创建者张道陵，东晋学者、《抱扑子》作者葛洪，唐代诗人李白，南宋高道、灵宝派创立者陆静修等。道教列庐山为“三十六小洞天”中的第八位。

八月 廿五日

廿五

东晋王羲之书尺牍

《匡庐图》传为五代后梁具有道教信仰的画家荆浩绘制。这是一幅全景山水画，它以全知全能视角再现了庐山险峻的山峰、飞流直下的瀑布、山间房屋和隐居者，结构宏大，气势雄伟。荆浩是北方山水画派的开创者，最主要贡献是将六朝以来流行的青绿山水变革为水墨山水，晚年撰有中国首部山水画理论著作《笔法记》。

夫輕諾必寡信多易必多難
是以聖人猶難之故終無難

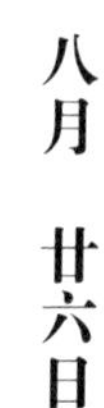

宋蔡襄书尺牍

《道德经》选句（清石涛书）

夫轻诺必寡信，多易必多难。是以圣人犹难之，故终无难。

善為士者不武善戰者不怒善勝
者不與善用人者為之下

八月　廿七日

唐吴通微书《楚金禅师碑》

《道德经》选句（清石涛书）

善为士者，不武；善战者，不怒；善胜【敌】者，不与；善用人者，为之下。

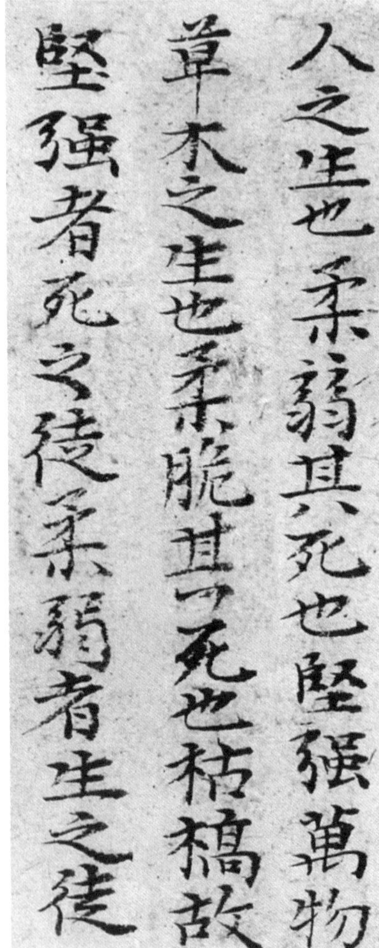
人之生也柔弱其死也堅強萬物
草木之生也柔脆其死也枯槁故
堅強者死之徒柔弱者生之徒

八月 廿八日

（传）唐陆柬之书《文赋》

《道德经》选句（清石涛书）

人之生也柔弱，其死也坚强。万物草木之生也柔脆，其死也枯槁。故坚强者死之徒，柔弱者生之徒。

信言不美美言不信善者不
辯〻者不善知者不博〻者不
知

八月　廿九日

廿九

北宋米芾书《蜀素帖》

《道德经》选句（清石涛书）

信言不美，美言不信。善者不辩，辩者不善。知者不博，博者不知。

天之道利而不害聖人之道

為而不爭

八月　三十日

唐颜真卿书《争座位帖》

《道德经》选句（清石涛书）

天之道，利而不害；圣人之道，为而不争。

洞天山堂

八月 卅一日

卅一

（传）三国吴皇象书《急就章》

（传）五代董源绘《洞天山堂图》

茅山位于今江苏省句容市，别名句曲山、地肺山。茅山是道教上清派发源地，也是正一、全真等派的共修之地。在此，东晋道学家葛洪修炼著书，杨羲、许谧撰写《上清大洞真经》，创立上清派；南朝齐梁道士陶弘景隐居四十余年，致力于传承上清派。唐宋以来，茅山一直被誉为“第一福地，第八洞天”。

以道教“洞天福地”为主题的山水画约起源于北宋年间。传五代董源绘《洞天山堂》在云山间再现了一个山洞，是全画之眼。据专家考证，此图所绘为茅山，但为元朝人手笔。

九月 一日

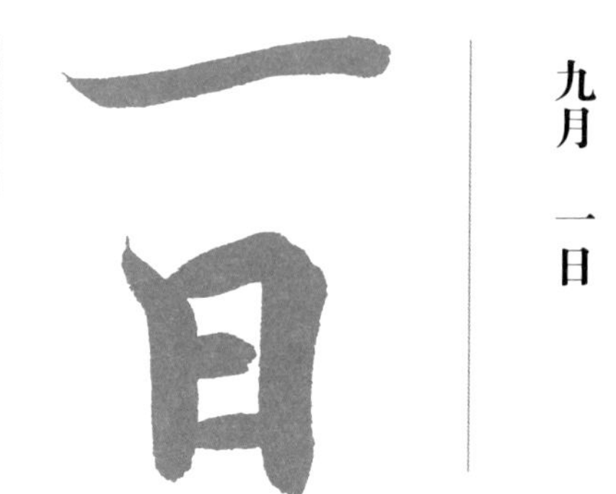

东晋王羲之书《兰亭集序》

南宋佚名绘《初平牧羊图》

“初平牧羊”是一个著名的道教典故，讲的是东晋少年黄初平入山成仙的故事。黄初平为丹溪（今浙江省金华市）人，十五岁在金华山放羊时偶遇一位道士。后者将他带到山中石室，专心炼丹修道40年。后来，黄初平的兄长寻至山中，问黄初平“羊在哪里”，初平即呼石成羊。南宋绢画《初平牧羊图》描绘了小初平与道士山中相遇的情景。

传说，黄初平得道后自号“赤松子”，法力高强，点石成金。他颇得中国民间崇祀，广为人知的浑号是“黄大仙”。金华山在浙中，因黄初平传说名冠江南，位列道教“三十六小洞天”之尾。

至人無己神人無功聖人無名

九月 二日

东晋王献之书尺牍

《南华经》选句（明文徵明书）

至人无己，神人无功，圣人无名。

瞽者無以與乎文章之觀聾者
無以與乎鐘鼓之聲

九月　三日

唐李邕书《李秀碑》

《南华经》选句（明文徵明书）

瞽者无以与乎文章之观，聋者无以与乎钟鼓之声。

昔者莊周夢為蝴蝶栩栩然蝴
蝶也自喻適志與不知周也俄
然覺則蘧蘧然周也不知周之
夢為蝴蝶與蝴蝶之夢為周與
周與蝴蝶則必有分矣此之謂
物化

九月 四日

唐欧阳询书《千字文》

《南华经》选句（明文徵明书）

昔者庄周梦为蝴蝶，栩栩然蝴蝶也。自喻适志与！不知周也。俄然觉，则蘧蘧然周也。不知周之梦为蝴蝶与？蝴蝶之梦为周与？周与蝴蝶则必有分矣。此之谓物化。

吾生也有涯而知也無涯以有
涯隨無涯殆已已而為知者殆
而已矣

九月 五日

北宋蔡襄书《纡问山堂帖》

《南华经》选句（明文徵明书）

吾生也有涯，而知也无涯。以有涯随无涯，殆已！已而为知者，殆而已矣！

為善無近名為惡無近刑緣督
以為經可以保身可以全生可
以養親可以盡年

九月 六日

北宋黄庭坚书《赠张大同卷》

《南华经》选句（明文徵明书）

为善无近名，为恶无近刑。缘督以为经，可以保身，可以全生，可以养亲，可以尽年。

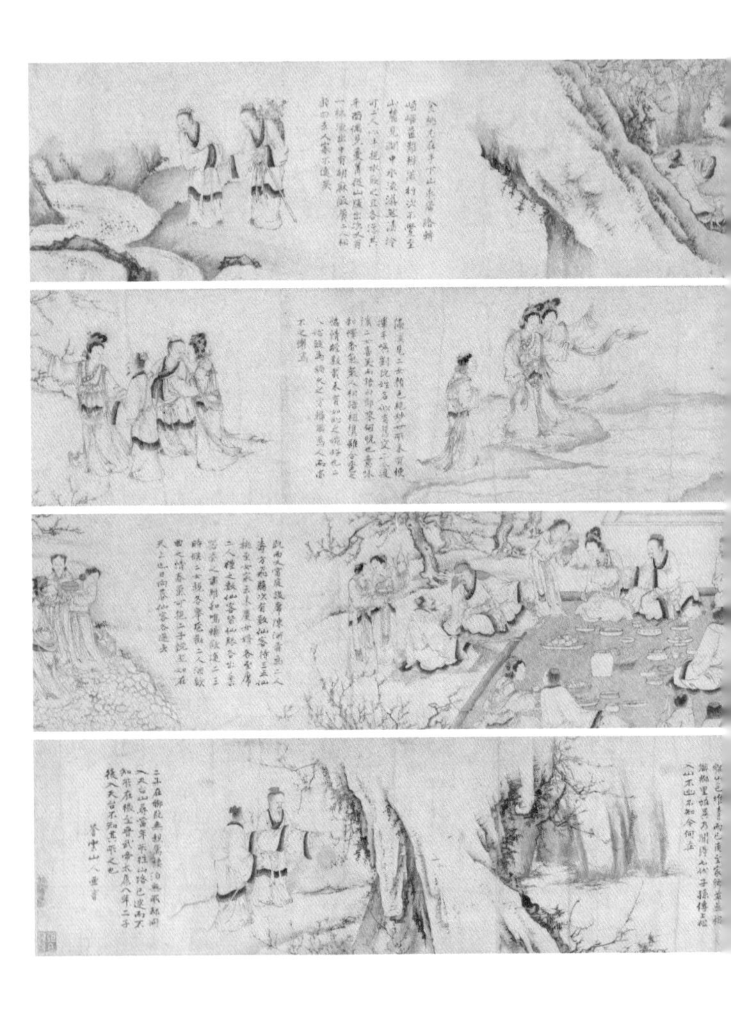

九月 七日

七日

北宋苏轼书《李太白诗卷》

元赵苍云绘《刘晨、阮肇入天台山图卷》

东汉末年，剡县人刘晨、阮肇入天台山采药，遇见两位仙女，一起生活了半年。后来，他俩要求回家，便被送出。到家乡时，他们发现已经过了七世……这则“刘阮遇仙”传说最早被东晋干宝编写入《搜神记》，被认为是陶渊明《桃花源记》的素材来源。宋宗室出身的元初画家赵苍云分数个场景，

九月 八日

唐张从申书《李玄静碑》

以图文互动的形式描绘了“刘阮遇仙”的整个故事。

位于今浙江天台县北的天台山有多处景致列入“洞天福地”，其中赤城山洞为“十大洞天”中的“第六洞天”。

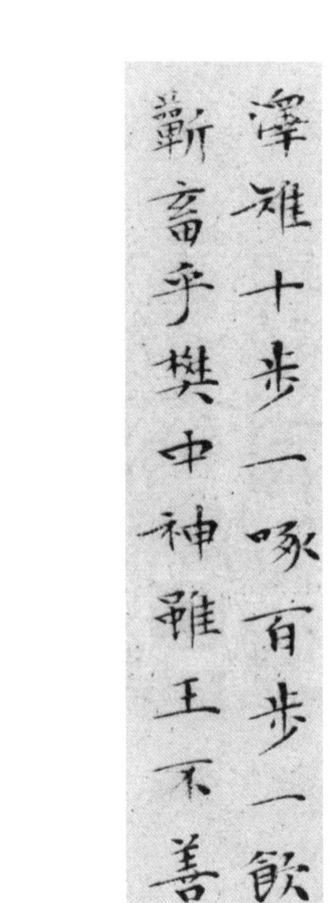
澤雉十步一啄百步一飲不
蘄畜乎樊中神雖王不善也

九月　九日

唐欧阳询书《千字文》

《南华经》选句（明文徵明书）

泽雉十步一啄，百步一饮，不蕲畜乎樊中。神虽王，不善也。

愛馬者以筐盛矢以蜄盛溺適有蚉蝱僕緣而拊之不時則缺銜毀首碎胷意有所至而愛有所亡可不慎邪

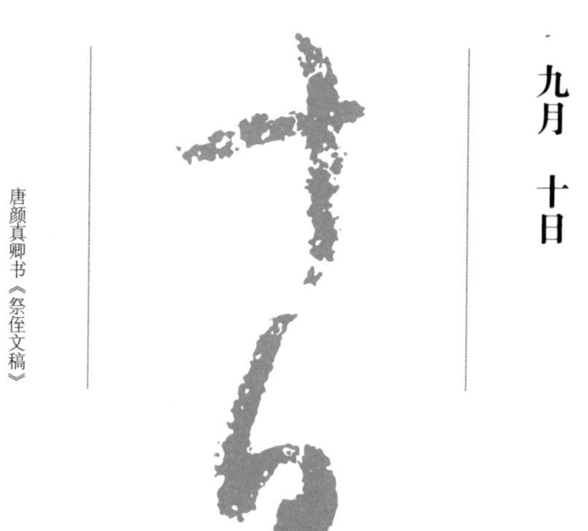

《南华经》选句（明文徵明书）

爱马者，以筐盛矢，以蜄盛溺。适有蚊虻仆缘，而拊之不时，则缺衔、毁首、碎胸。意有所至而爱有所亡。可不慎邪?

散木也以為舟則沉以為棺
槨則速腐以為器則速毀以
為門戶則液樠以為柱則蠹
是不材之木也無所可用故
能若是之壽

九月 十一日

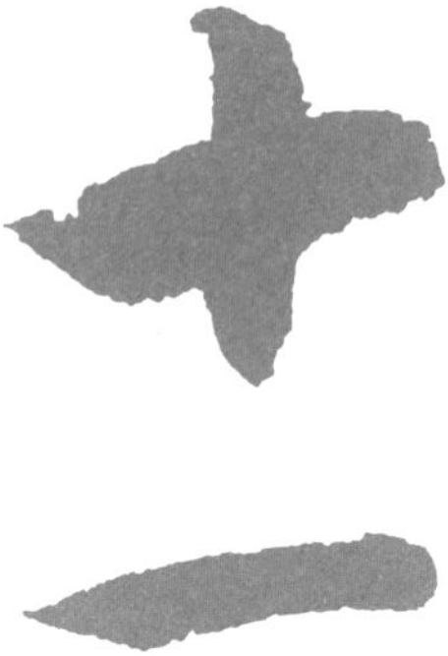

士

元赵孟頫书《前后赤壁赋》

《南华经》选句（明文徵明书）

散木也，以为舟则沉，以为棺椁则速腐，以为器则速毁，以为门户则液樠，以为柱则蠹。是不材之木也，无所可用，故能若是之寿。

山木自寇也膏火自煎也桂可
食故伐之漆可用故割之人皆
知有用之用而莫知無用之用
也

九月 十二日

明董其昌书《罗汉赞》

《南华经》选句（明文徵明书）

山木，自寇也，膏火，自煎也。桂可食，故伐之；漆可用，故割之。人皆知有用之用，而莫知无用之用也。

死生亦大矣而不得與之變
雖天地覆墜亦將不與之遺
審乎無假而不與物遷命物
之化而守其宗也

九月　十三日

东晋王羲之书《兴福寺半截碑》

《南华经》选句（明文徵明书）

死生亦大矣，而不得与之变，虽天地覆坠，亦将不与之遗。审乎无假而不与物迁，命物之化而守其宗也。

九月 十四日

十四

唐张从申书《李玄静碑》

元方从义绘《神岳琼林图》

龙虎山位于今江西省鹰潭市。自东汉张道陵在此隐栖修真以来，龙虎山被奉为道教天师派“祖庭”，位列“七十二福地”中的“第三十二福地”。

元末道士画家方从义是龙虎山上清宫正一派道士，喜游历，足迹遍及大江南北，诗、书、画为一时所重，其山水画师法自然，充满道家意趣。他 1365 年 3 月为另一位同为龙虎山上清宫道士的道教徒程元翼（南溟真人）所作的《神岳琼林图》中的“琼林”即指龙虎山琼林台，峰耸溪婉，淡墨积染，充满动感，被认为“反映出道教视山水为气之流动聚散的过程，而非一成不变的存在之观念”。

九月　十五日

东晋王羲之书《集王圣教序》

元方从义绘《武夷放棹图》

武夷山位于今闽赣交界，其北段尤其峦洞百态，被道教看重，位列“三十六洞天”第十六位。自汉武帝祭祀武夷山之神——武夷君以来，历代或封或祀，构成丰富的人文与自然景致。

《武夷放棹图》轴是方从义在元至正十九年（1359 年）冬天为一位在武夷山修行的同道描绘的山景，峰奇涧深，一叶独行。根据左上自识，方从义是仿五代僧人画家巨然笔意成图的，后者以笔法老辣而率意著称于世。

吾所謂無情者言人之不以

好惡内傷其身常因自然而

不益生也

九月　十六日

唐佚名书《栖岩寺智通禅师塔铭》

《南华经》选句（明文徵明书）

吾所谓无情者，言人之不以好恶内伤其身，常因自然而不益生也。

夫大塊載我以形勞我以生

佚我以老息我以死

九月 十七日

十七

东晋王羲之书《孔侍中帖》

《南华经》选句（明文徵明书）

夫大块载我以形，劳我以生，佚我以老，息我以死。

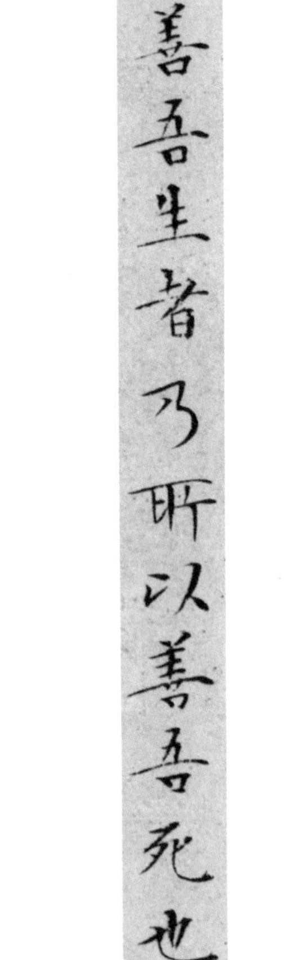
善吾生者乃所以善吾死也

九月　十八日

唐吴通微书《楚金禅师碑》

《南华经》选句（明文徵明书）

善吾生者，乃所以善吾死也。

夫道有情有信無為無形可傳
而不可受可得而不可見自本
自根未有天地自古以固存神
鬼神帝生天生地在太極之先
而不為高在六極之下而不為
深先天地生而不為久長於上
古而不為老

九月 十九日

《南华经》选句（明文徵明书）

夫道，有情有信，无为无形；可传而不可受，可得而不可见；自本自根，未有天地，自古以固存；神鬼神帝，生天生地；在太极之先而不为高，在六极之下而不为深，先天地生而不为久，长于上古而不为老。

夫聖人之治也治外乎正而後
行確乎能其事者而已矣

九月 二十日

东晋王羲之书《寒切帖》

《南华经》选句（明文徵明书）

夫圣人之治也，治外乎？正而后行，确乎能其事者而已矣。

九月 廿一日

（传）唐陆柬之书《文赋》

元王蒙绘《葛稚川移居图》（局部）

东晋著名道教人士葛洪（字稚川）晚年因避世而遁入罗浮山。元代画家王蒙的《葛稚川移居图》再现了葛洪携家人移居的情景。山道间，葛洪身着道服，回首远看，身后老妻骑牛抱子，仆人牵牛跟随。王蒙是元代著名书画家赵孟頫的外孙，与黄公望、吴镇、倪瓒合称“元四家”。罗浮山位于今广东省博罗县，位列道教“十大洞天”中的“第七洞天”。

明石锐绘《轩辕问道图》

据《庄子》载，黄帝（轩辕氏）听说一位隐居在崆峒山的“仙人”广成子道行高深，“故往见之，问以至道之要”。广成子告诉黄帝，要无视无听，抱神以静。这一传说将道教与治国联系在一起，成为道教艺术的母题之一。明代宫廷画家石锐绘成的《轩辕问道图》展现了两位智者山间松下会谈的情景。

崆峒山位于今甘肃省平凉市，因“轩辕问道”的传说被誉为“道教第一山”，秦始皇、汉武帝、唐太宗都曾登临。

圣人之用心若镜，不将不迎，应而不藏，故能胜物而不伤

九月 廿三日

廿三

东晋王羲之书《十七帖》

《南华经》选句（明文徵明书）

至人之用心若镜，不将不迎，应而不藏，故能胜物而不伤。

南海之帝為儵北海之帝為忽
中央之帝為渾沌儵與忽時相
與遇於渾沌之地渾沌待之甚
善儵與忽謀報渾沌之德曰人
皆有七竅以視聽食息此獨無
有嘗試鑿之日鑿一竅七日而
渾沌死

九月　廿四日

明文徵明书《行书诗卷》

《南华经》选句（明文徵明书）

南海之帝为倏，北海之帝为忽，中央之帝为浑沌。倏与忽时相与遇于浑沌之地，浑沌待之甚善。倏与忽谋报浑沌之德，曰：“人皆有七窍以视听食息，此独无有，尝试凿之。”日凿一窍，七日而浑沌死。

遊心於淡合氣於漠順物自然
而無容私焉而天下治矣

九月 廿五日

东晋王羲之书《兴福寺半截碑》

《南华经》选句（明文徵明书）

游心于淡，合气于漠，顺物自然，而无容私焉，而天下治矣。

道與之貌天與之形無以好惡
內傷其身

九月 廿六日

东晋王羲之书尺牍

《南华经》选句（明文徵明书）

道与之貌，天与之形，无以好恶内伤其身。

人莫鑑於流水而鑑於止水惟止能止衆止

《南华经》选句（明文徵明书）

人莫鉴于流水，而鉴于止水，惟止，能止众止。

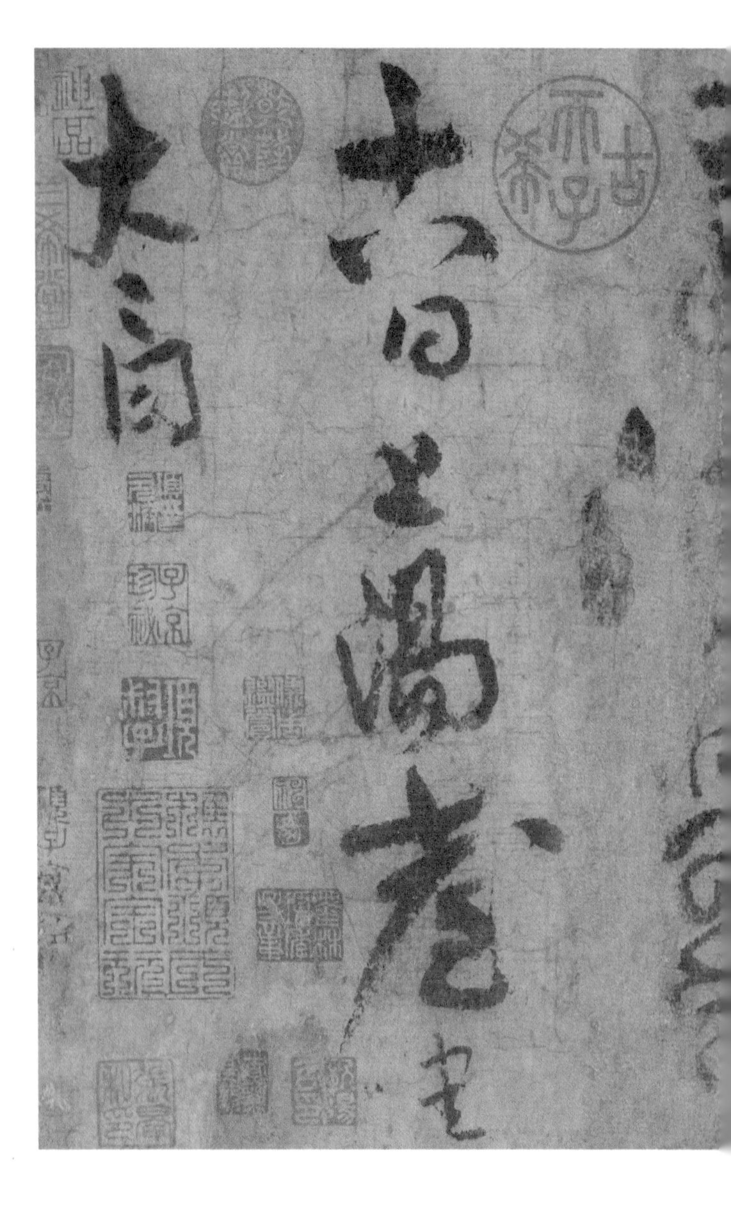

九月 廿八日

廿八

唐李邕书《李思训碑》

唐李白书《上阳台帖》

《列子》中“愚公移山”的传说广为人知，其中一座被移走的大山就是位于今河南省济源市的王屋山。王屋山位列“十大洞天”之首，在此隐修的历代道士中，属唐代司马承祯最有名。唐开元十五年（727年），唐玄宗李隆基召天台山道士司马承祯入宫，请他在王屋山自选佳地居住，道院阳台观始成。

天宝三年（744年），李白与杜甫同游阳台观，观赏擅长书画的司马承祯

九月　廿九日

唐吴通微书《楚金禅师碑》

创作的壁画，写下“山高水长，物象千万。非有老笔，清壮何穷！”的诗句，墨迹流传至今，史称《上阳台帖》。此帖据信为李白传世唯一真迹。北宋书法家黄庭坚曾见过李白的稿书，发出“大类其诗，弥使人远想慨然”的感叹。今观《上阳台帖》，与有同焉。

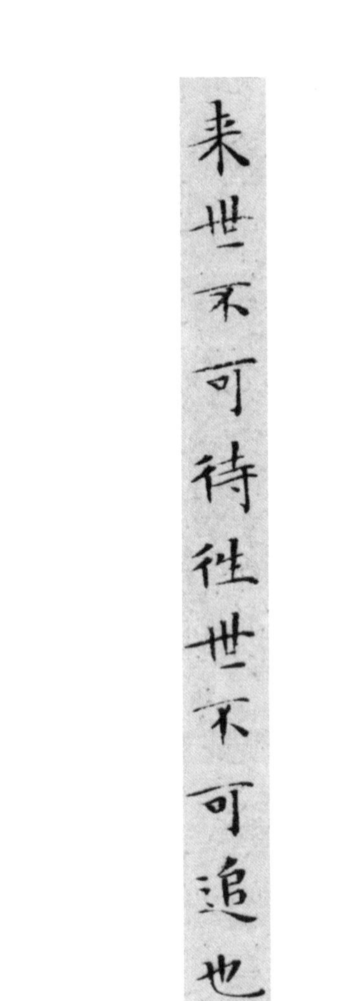
来世不可待往世不可追也

九月 三十日

《南华经》选句（明文徵明书）

来世不可待，往世不可追也。

元黄公望绘《富春山居图》（局部）

山·水

第四季

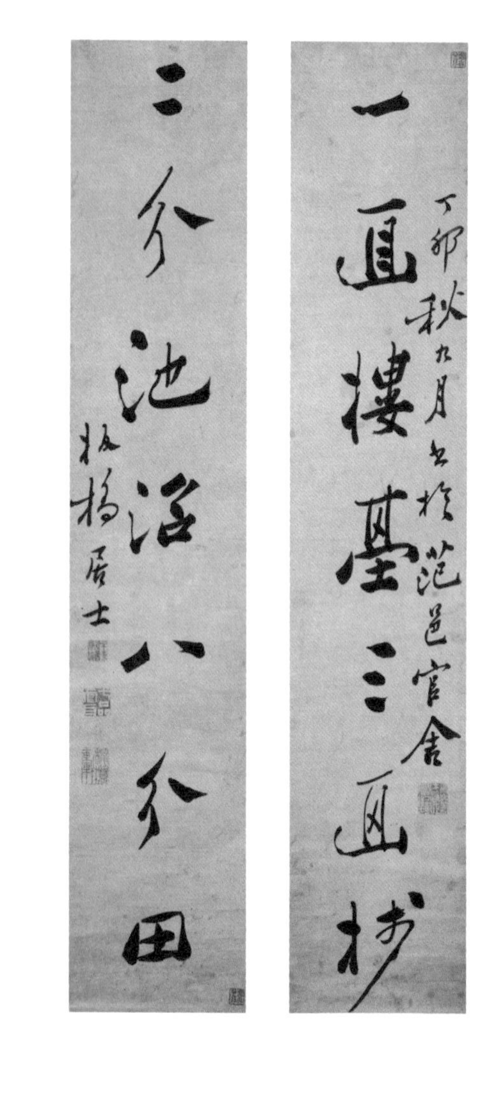
一径楼台三画桥
二分池沼八分田
丁卯秋九月书于范邑官舍
板桥居士

十月 一日

东汉佚名书《史晨碑》

清郑燮书

一面楼台三面柳，二分池沼八分田。

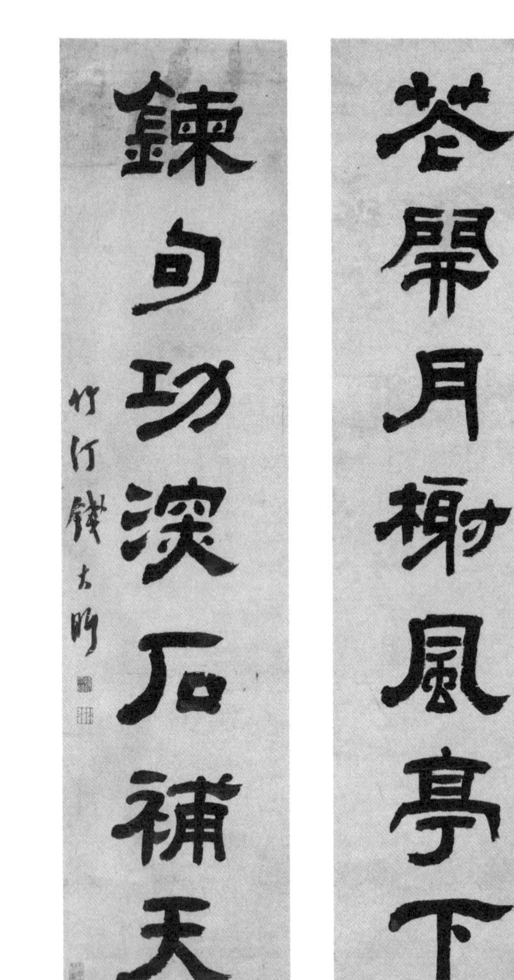
蒼聚月榭風亭下
鍊句功深石補天
竹汀錢大昕

十月 二日

东汉佚名书《礼器碑》

清钱大昕书

花开月榭风亭下，炼句功深石补天。

新诗似与梅相约
书为贵庵五先生正之

好山应待画中来
姬侍姚贞

十月 三日

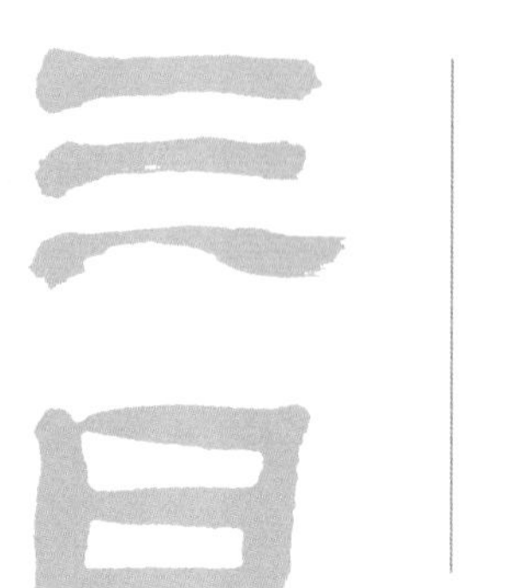

清郑藎书条幅

清姚鼐书

新诗似与梅相约，好山应待画中看。

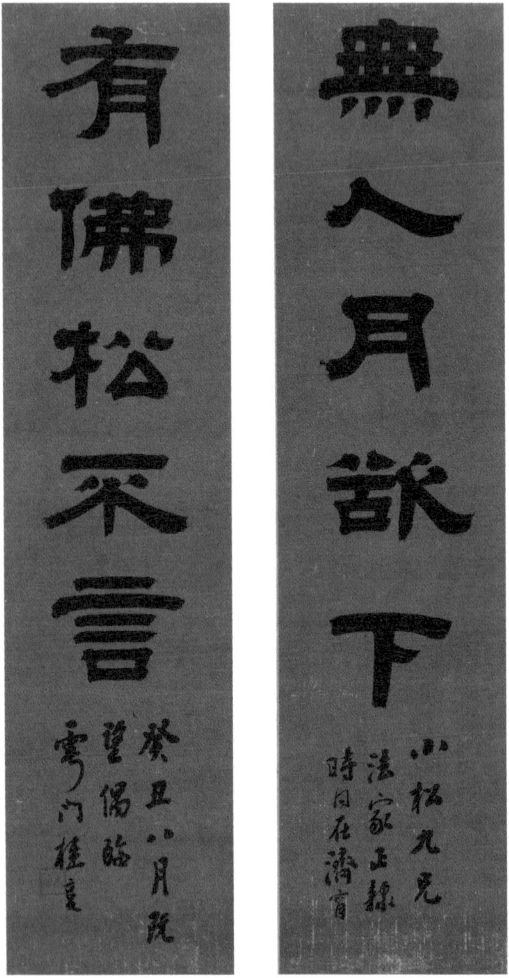

無人月訴下

有佛松不言

小松九兄法家正隸

時同在濟甯

癸丑八月既望偶臨

雲門樵叟

十月　四日

东汉佚名书《张景碑》

清桂馥书

无人月欲下，有佛松不言。

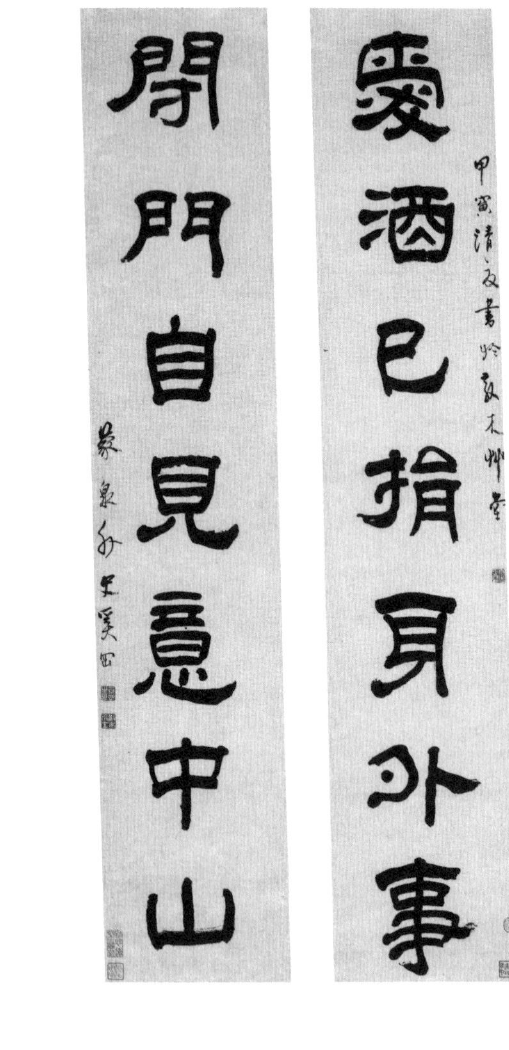

愛酒已捐身外事
閉門自見意中山

十月 五日

五日

清高翔书条幅

清溪冈书

爱酒已捐身外事，闭门自见意中山。

六日

十月　六日

东汉佚名书《熹平石经》

战国佚名制嵌孔雀石三角云纹钫

中国艺术中的“自然”形象起源于原始社会，甚至成为汉字产生的重要动力。但是，以自然为主题的艺术品要迟至汉代才零星出现。此前，天地水火一类的元素主要作为背景性图案存在。

“云”便是先秦青铜器装饰纹样之一。“钫”是一种流行于战国中晚期的方口大腹酒壶。此器通体以孔雀石镶嵌铸槽，在精美、繁华的装饰纹样中“飘浮”着三角形连续云纹，用以代表高贵和富有。

十月 七日

七日

西晋佚名书《辟雍碑》

唐佚名绘韩休夫妇墓壁画《山水图》

在所有艺术样式中，没有比山水画更能直观而全面地体现中国人的自然观念。山水画在隋唐已成为一个独立画种，但是，可以确信的隋唐山水画作几乎没有存世。

2014年，《五牛图》作者、唐代“宰相”画家韩滉的父母合葬墓——韩休夫妇墓在西安市长安区郭新庄被发现，在墓室壁画中发现的一幅两米见方的山水画引起美术界震惊。这幅8世纪中期的壁画是目前所见最大幅唐代独立山水幛画。虽然无名画手的水平一般，但是，其技法和构图足以让人们对理解王维、李思训等唐代名家作品有了可靠的“把手”。

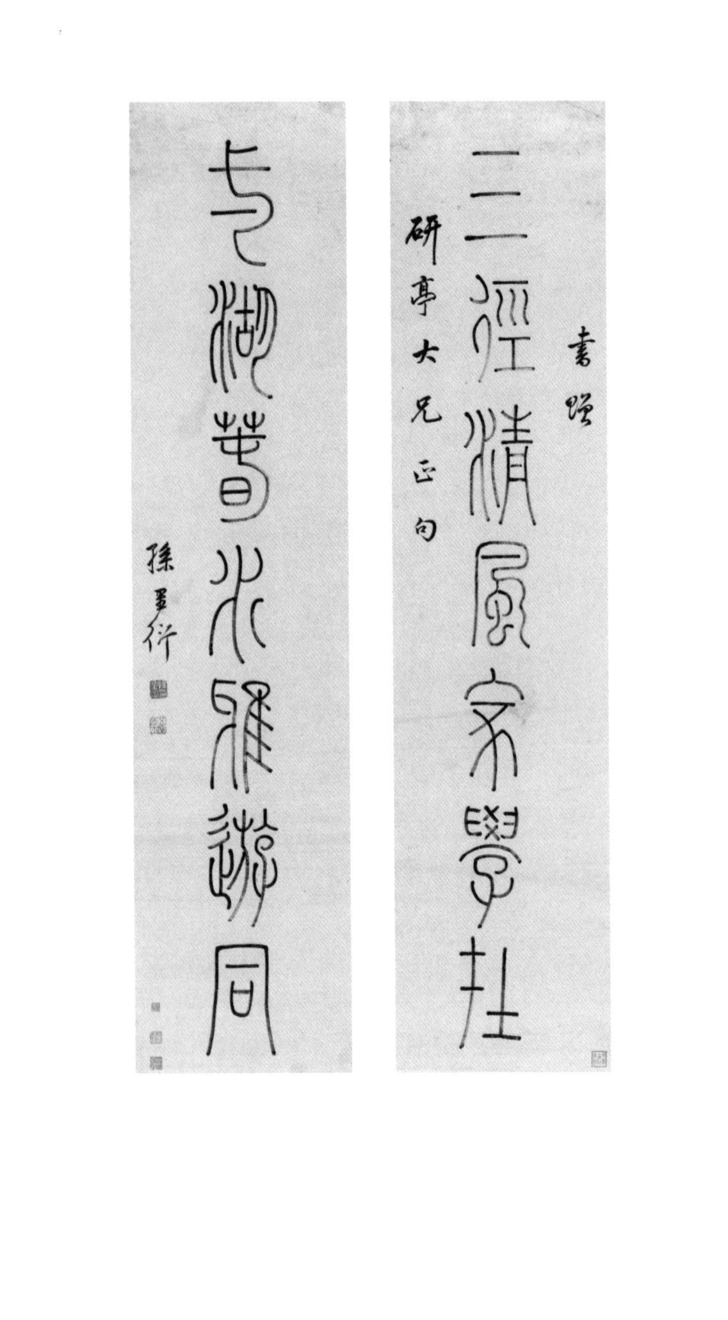

書壇

研亭大兄正句

孫星衍

十月 八日

东汉郭香察书《华山庙碑》

清孙星衍书

三径清风家学在，一湖春水雅游同。

十月　九日

清陈洪绶书

画成涛水轻烟笔，写得微云远岫辞。

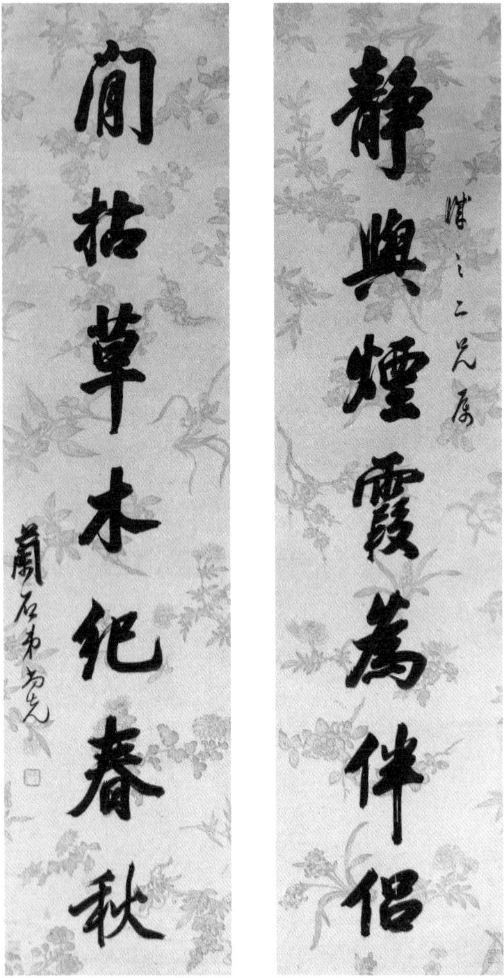

靜與煙霞為伴侶

漢仁兄屬

閒拈草木紀春秋

蘭石弟書之

十月 十日

西晋佚名书《辟雍碑》

清郭尚先书

静与烟霞为伴侣，闲拈草本纪春秋。

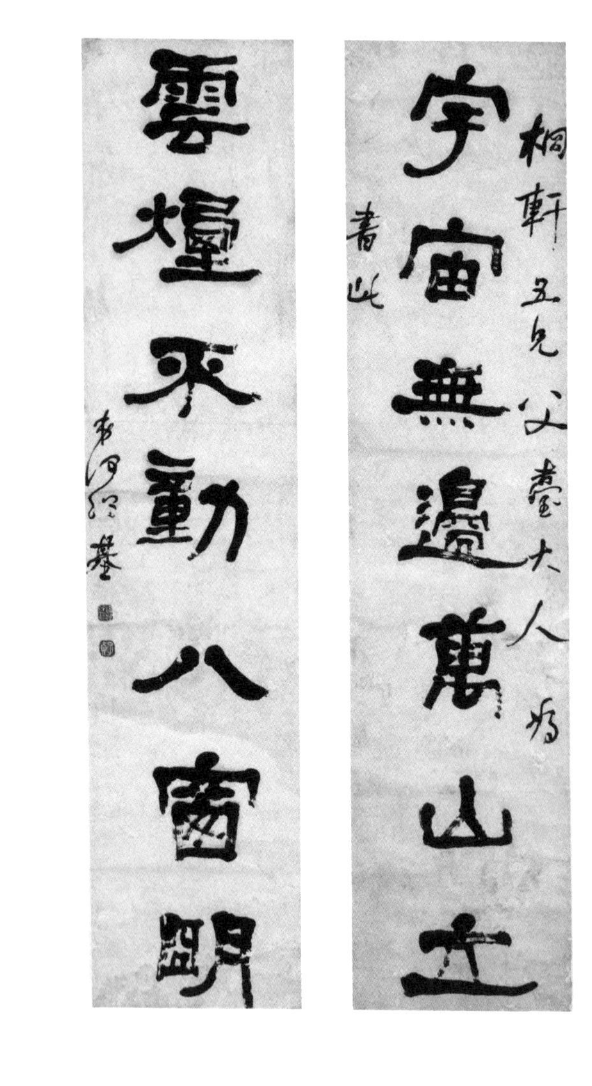
宇宙無邊萬山立
雲煙不動八窗明

十月 十一日

东汉佚名书《韩仁铭》

清何绍基书

宇宙无边万山立，云烟不动八窗明。

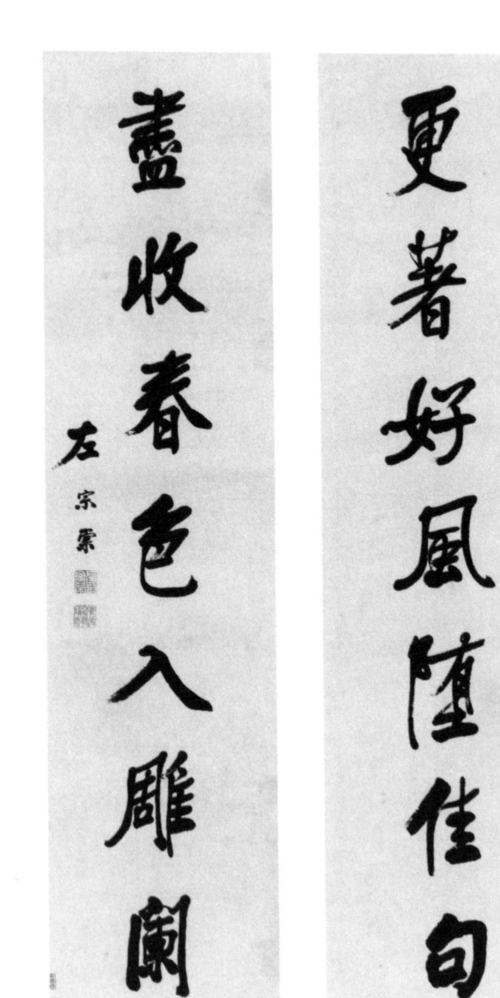
更著好風隨佳句
盡收春色入雕闌
左宗棠

十月 十二日

东汉佚名书《鲜于璜碑》

清左宗棠书

更著好风堕佳句，尽收春色下雕阑。

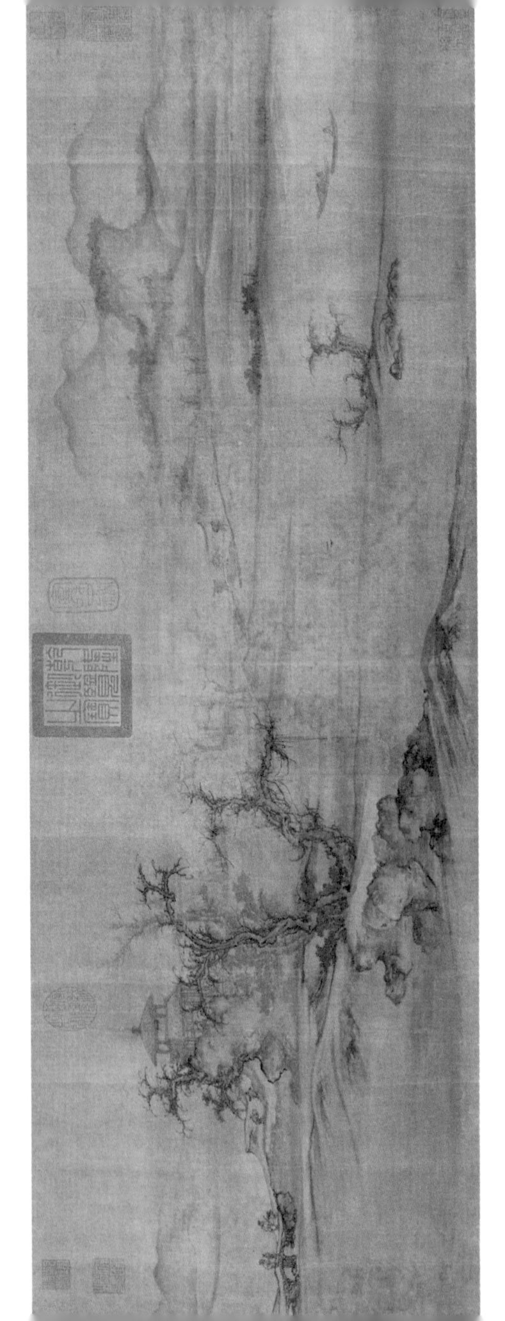

十月 十三日

十三

清伊秉绶书《光孝寺虞仲翔祠碑》

北宋郭熙绘《树色平远图》

北宋早期，随着大幅画作成为权力、财富的象征，山水画迎来一个发展高峰。北宋宫廷画师郭熙因创作和理论“两手硬”而著名。他在山水画学论著《林泉高致》中针对中唐以来山画的构图首次提出了“三远”说：“山有三远：自山下而仰山巅，谓之高远；自山前而窥山后，谓之深远；自近山而望远山，谓之平远。高远之色清明，深远之色重晦，平远之色有明有晦。高远之势突兀，深远之意重叠，平远之意冲融而缥缥缈缈。”从此，“三远”成为创作和欣赏中国山水画的“门道”之一。郭熙的代表作品《树色平远图》右半上部的山脉构图即为“平远”。

十月 十四日

唐李隆基书《石台孝经》

北宋刘松年绘《罗汉像》

同一幅画，放在不同的场景中会有不同的意义指向。本图是北宋画家刘松年存世的数幅罗汉画中的一幅，原本代表了一个时代的信仰。但是，如果再仔细看，就会发现罗汉背后的三折屏风上画的是由湖水、古树、芦苇、飞禽组成的典型山水画。这种“画中画”的重屏技法不仅使画面更加丰富，同时也暗示观者：隐逸风格的山水画也是大德的精神写照。这种互文性宗教画在传统佛画中不曾有过，反映了一个事实：自唐代中期兴盛之后，中国式佛教“禅宗”在北宋继续推进势不可挡的本土化和世俗化进程。

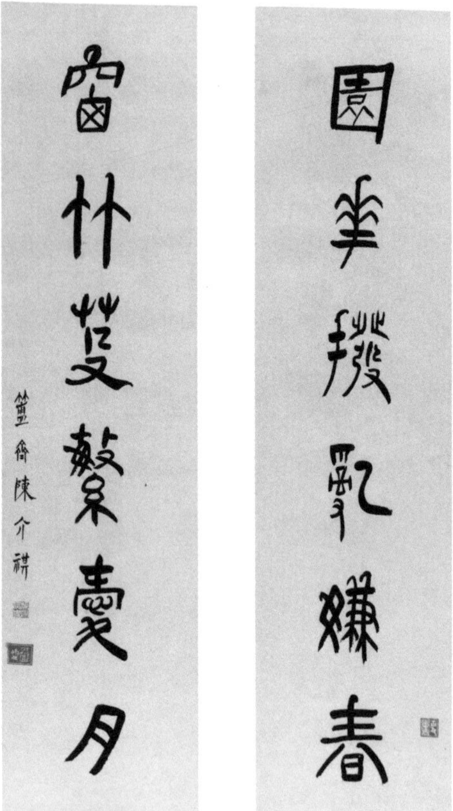

園半撥亂嫌春光

窗竹芟繁受月疏

簠齋陳介祺

东汉佚名书《西狭颂》

清陈介祺书

园花拔乱嫌春冗，窗竹芟繁爱月疏。

萬松春不老
壽卿大兄屬
多竹夏生寒
曲園俞樾

十月　十六日

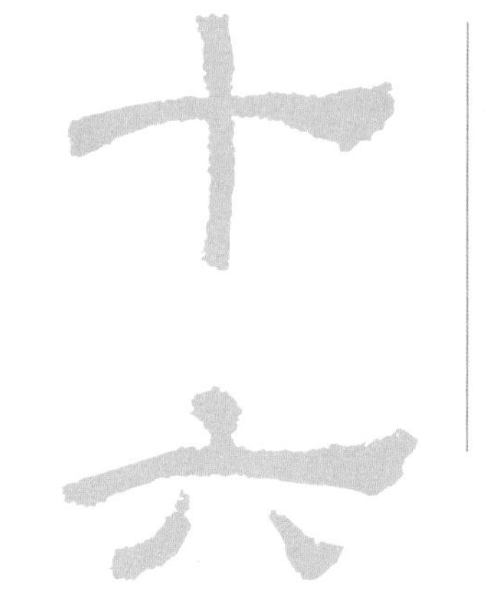

东汉佚名书《赵宽碑》

清俞樾书

万松春不老，多竹夏生寒。

風連月庭時撫劍

雷迷雲屋夜觀書

月樓仁兄大人鑒家政之旹壬午秋九月朔日

褱海弟徐三庚書於春申浦上

十月 十七日

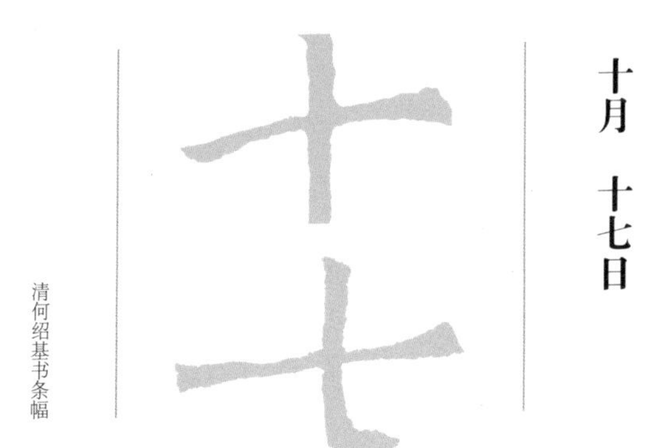

清何绍基书条幅

清徐三庚书

风踵月庭时抚剑，雪迷云屋夜观书。

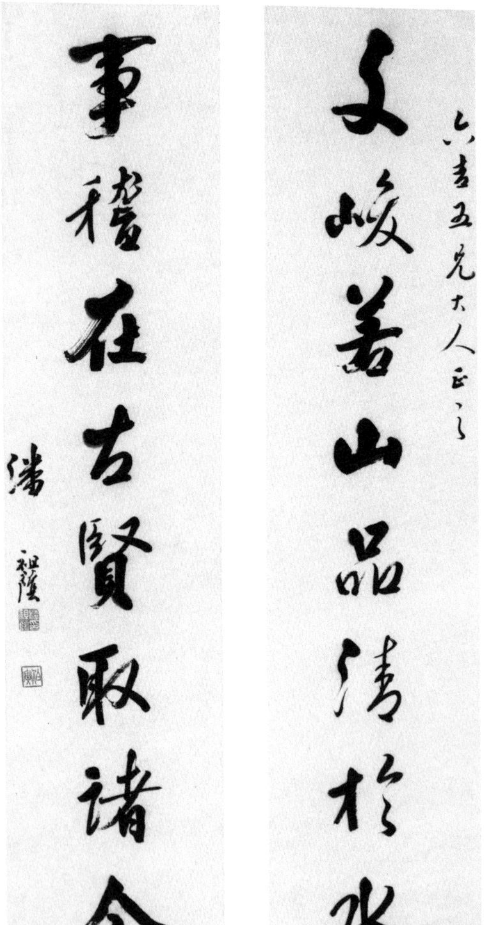

六吉五兄大人正之

文峻若山品清於水

事稽在古賢取諸今

潘祖蔭

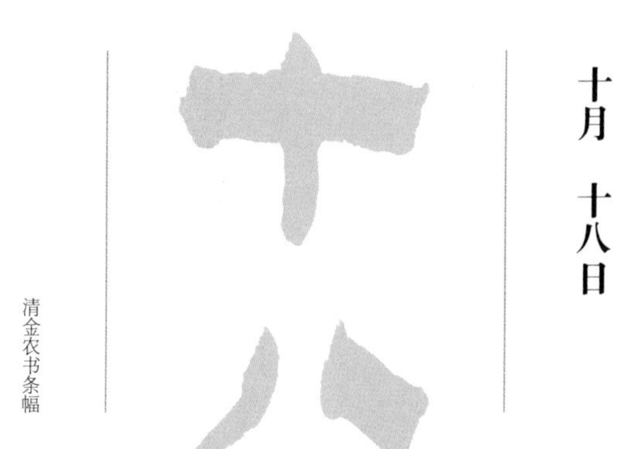

清潘祖荫书

文峻若山品清如水，事稽在古贤取诸今。

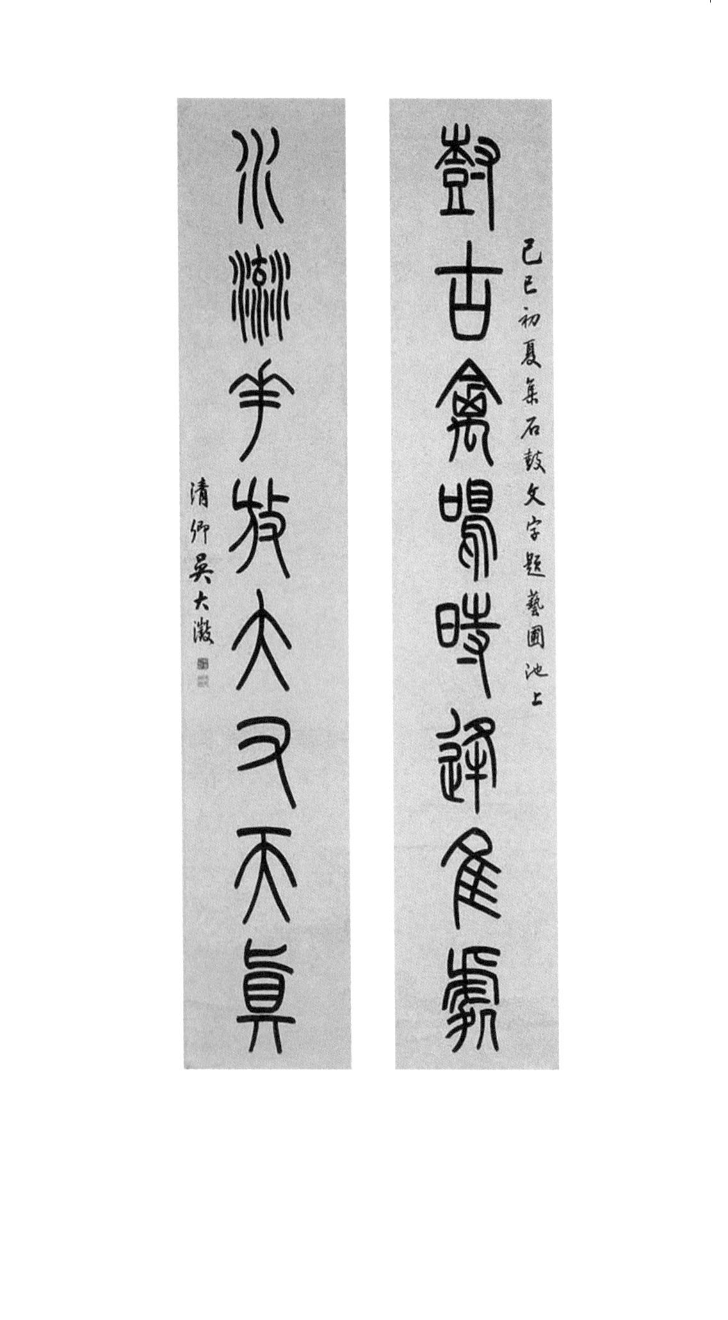

己巳初夏集石鼓文字題藝圃池上

清卿吳大澂

十月 十九日

十九

东汉佚名书《熹平石经》

清吴大澂书

树古禽鸣时逢佳处，水流花放大有天真。

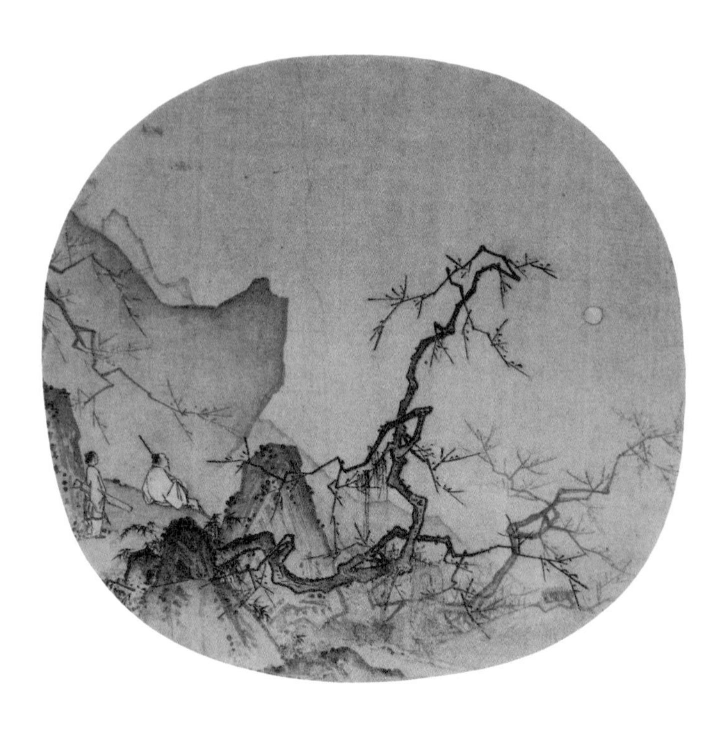

十月二十日

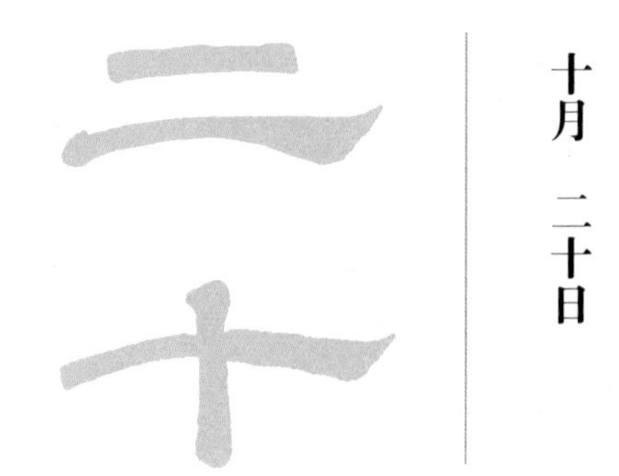

唐李隆基书《石台孝经》

南宋马远绘《月下赏梅图》

一个时代有一个时代的山水观。南宋偏居杭州之后，北宋那种悬挂于高堂巨室的大幅山水画淡出，吃香的是于一山一树中寻找“小确幸”的小画儿。于是，画师马远便应运而生。他长于在二三十厘米见方的绢布中绘制局部山水，表达某种悠远意蕴。这种画法被称为“马一角”。《月下赏梅图》是他画在团扇上的名作。一位隐士在月下看梅花，这让人很容易与破碎河山、生命苦短发生联想。

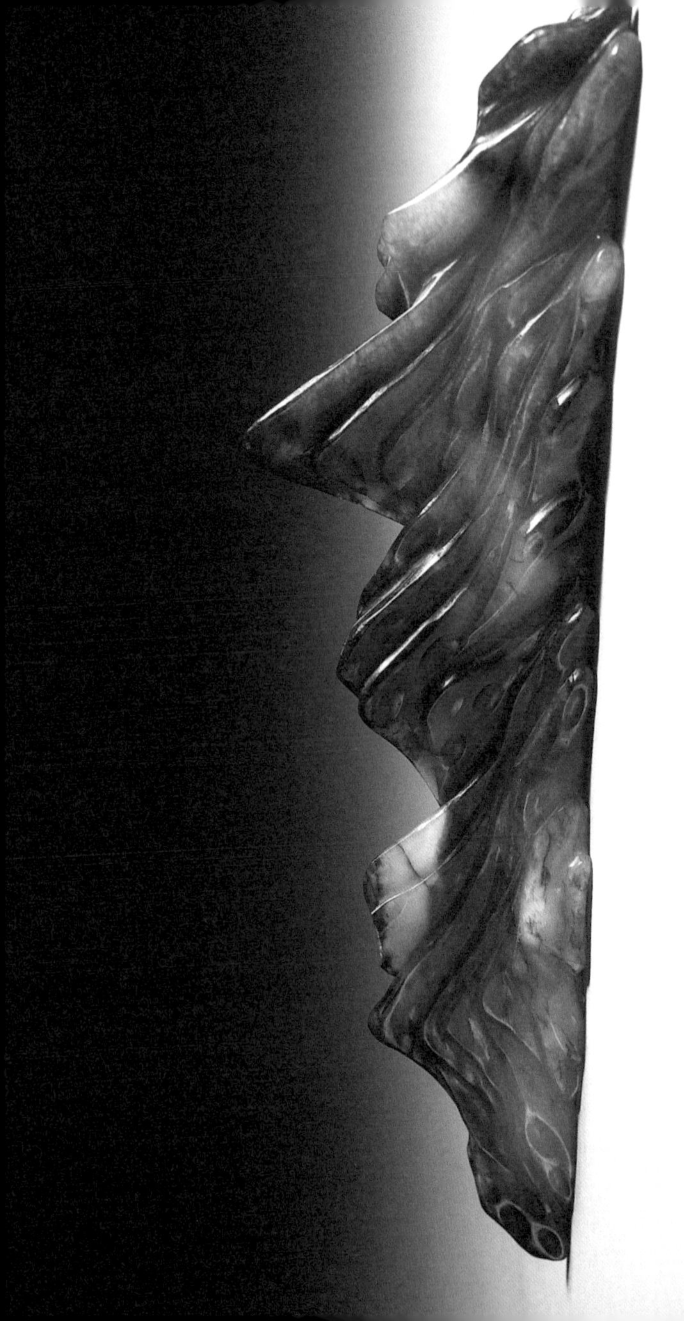

十月廿一日

东汉佚名书《鲜于璜碑》

南宋至元佚名制笔山

笔架是中国传统文房用具之一，用来架毛笔。不知道哪一位古艺人将山峰与笔架结合，创作出山形笔架，世称“笔山”。目前所见考古成果，两宋笔山始多。这具南宋至元制作的笔山之所以名贵，是因为用间杂白玉的墨玉琢刻而成，色彩和肌理宛如一幅水墨画。

先有山峰，后有笔架。“笔山”出现以后，中华大地一批山峰又被唤作“笔架山”。人文与自然互动，此为一例。

小飲偶然邀水月

謫居猶得近蓬萊

抱冰老人張之洞

十月　廿二日

东汉佚名书《韩仁铭》

清张之洞书

小饮偶然邀水月，谪居犹得近蓬莱。

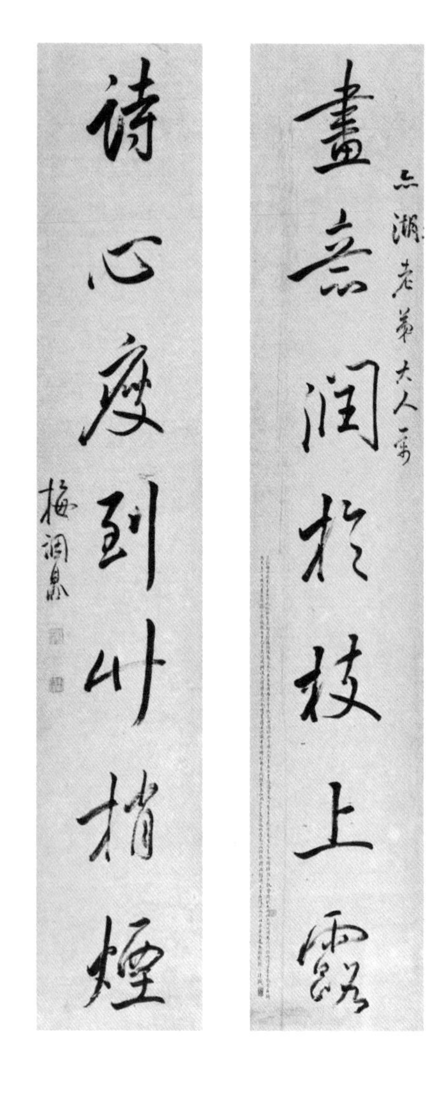
畫意潤於枝上露
詩心度到竹梢煙
梅調鼎

十月　廿三日

廿三

东汉佚名书《鲜于璜碑》

清梅调鼎书

画意润于枝上露，诗心瘦到竹梢烟。

樹古夕陽歸道馬

逸珊仁兄雅屬 為集獵碣字 時戊午十月

柳陰微雨寫來魚

七十五歲吳昌碩

十月 廿四日

东汉佚名书《乙瑛碑》

清吴昌硕书

树角夕阳归猎马，花阴微雨写来禽。

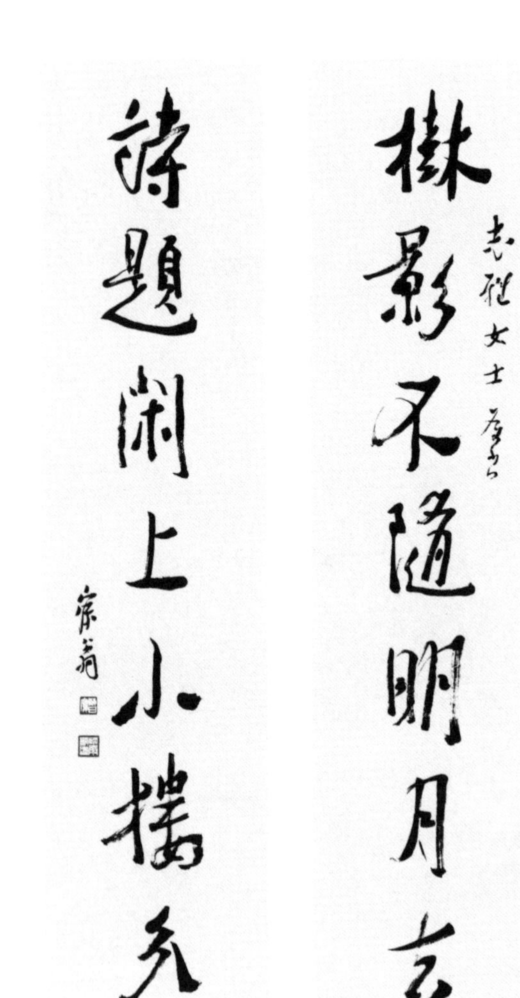

樹影不隨明月去
詩題渕上小樓秀

十月　廿五日

东汉佚名书《熹平石经》

清沈增植书

树影不随明月去，诗题闲上小楼分。

山水丹青雜

仲藩仁兄

烟霞紫翠深

康有為

十月　廿六日

西晋佚名书《辟雍碑》

清康有为书

山水丹青杂，烟霞紫翠深。

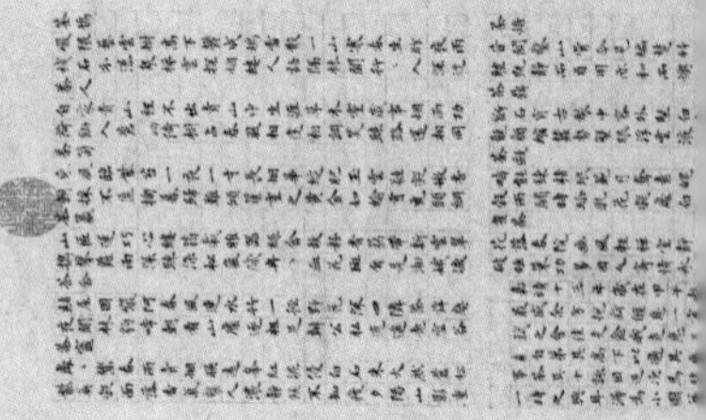

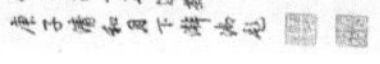

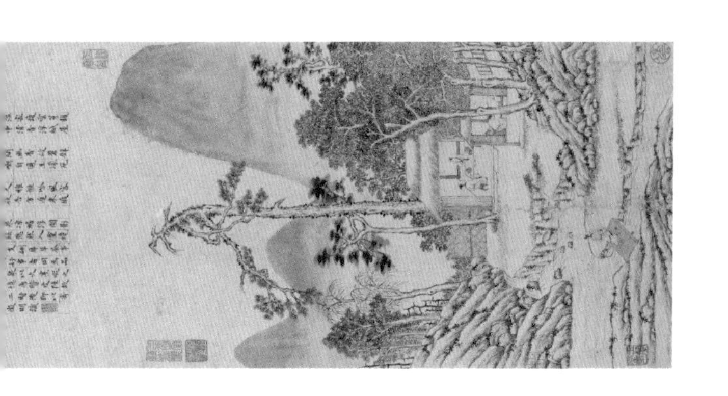

十月　廿七日

廿七

东汉佚名书《鲜于璜碑》

明文徵明绘《茶事图》

明嘉靖十三年（1534 年），65 岁的文徵明因病未能参加谷雨前三日于苏州天池、虎丘举行的品茶雅集。为表安慰，好友特地送来二三种茶。文氏请书童煮茶，与友人在山水间的草堂共品佳茗。为示纪念，文徵明特意绘制了一幅长条山水，依唐代诗人皮日休和陆龟蒙的诗歌追和十首，并题画上，完成了一幅诗文书画完美结合的山水佳画。

先看画。文徵明以清雅墨色描绘出一幅春夏之交的草堂品茶图。堂内，桌上有书有壶，客人端坐如有所陈，主人捧杯在手像在倾听。此时，童子正在侧室挥扇煮茶；口堂外，另一位友人正过桥来访。山泉涧涧，松树高立，远岚如

十月　廿八日

东汉佚名书《乙瑛碑》

歌——好一幅“陶渊明式”隐居图。

再看诗文。文徵明以其招牌式精工小楷书录10首五言古诗《茶具十咏》，诗末说明来由的题跋为典型的明代小品文。

这还不算完。此画清入内府，贮于养心殿，收入《石渠宝笈·续编》。爱好喝茶、盖章和品题的乾隆皇帝一时兴起，在画心之上的天头裱布上自题七言绝句十首《题文徵明茶事图》，与原作共鸣。至此，这幅山水画的创作才告一段落，不仅有画，还有题跋；不仅有作者，还有观者。

春和華市早

月上槐亭空

集鄭文公下碑 館由淵穆 祖述散槃

戊午夏 清道人

十月　廿九日

东汉佚名书《张景碑》

清李瑞清书

春和华（花）市早，月上槐亭空。

棹頭獨泛清谿月

任先老兄察書

拄笏看度南山雲

梁啓超

十月　三十日

东汉佚名书《赵宽碑》

清梁启超书

掉头独泛清溪月，拄笏看度南山云。

乾坤一夕雨
敬之我兄法家正之
草木萬方春

十月 卅一日

东汉佚名书《韩仁铭》

近代于右任书

乾坤一夕雨，草木万方春。

永和九年歲在癸丑暮春之初會
于會稽山陰之蘭亭脩稧事
也羣賢畢至少長咸集此地
有崇山峻領茂林脩竹又有清流激

东晋王羲之书《兰亭序》之一

永和九年，岁在癸丑，暮春之初，会于会稽山阴之兰亭，修禊事也。群贤毕至，少长咸集。此地有崇山峻领（岭），茂林修竹；又有清流激

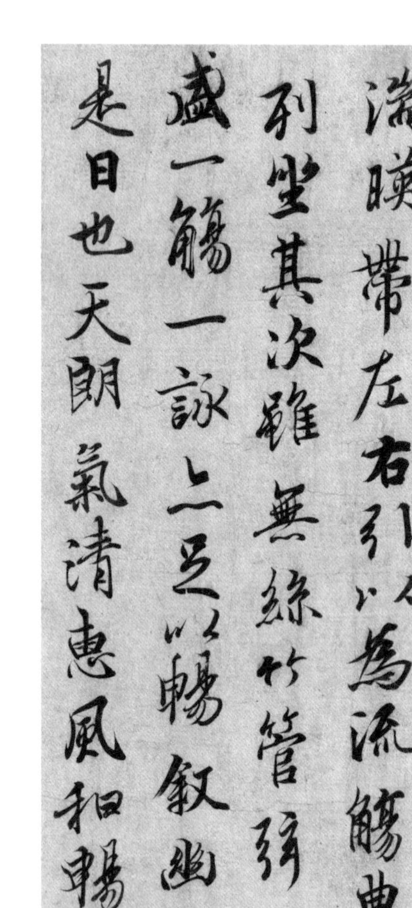
湍暎帶左右引以為流觴曲水
列坐其次雖無絲竹管弦之
盛一觴一詠亦足以暢敘幽情
是日也天朗氣清惠風和暢仰

十一月 二日

隋智永书《真草千字文》

东晋王羲之书《兰亭序》之二

湍，映带左右，引以为流觞曲水，列坐其次。虽无丝竹管弦之盛，一觞一咏，亦足以畅叙幽情。是日也，天朗气清，惠风和畅，仰

十一月 三日

三日

东晋王羲之书《姨母帖》

南宋马和之绘《兰亭图》（局部）

东晋永和九年（353年）三月三日，时任会稽内史的王羲之召集谢安等名士文人及家族子弟共41人，在山阴（浙江绍兴）兰亭举行修禊雅集，流觞作诗。这次集会史称“兰亭之会”。王羲之为此写序纪念，史称《兰亭序》。王羲之如此写及当时的宜人环境：“此地有崇山峻岭，茂林修竹，又有清流激湍，映带左右。”“是日也，天朗气清，惠风和畅。仰观宇宙之大，俯察品类之盛，所以游目骋怀，足以极视听之娱，信可乐也。”

南宋绍兴十年（1140年）三月三日，宋高宗赵构书写了一遍《兰亭序》，敕命宫廷画师马和之在余素上补图。马和之在卷首群山林木环抱的水榭之中描绘了正在写序的王羲之。

十一月 四日

隋智永书《真草千字文》

四日

明仇英绘《修禊图》（局部）

“修禊”源于上古春季上巳日（农历三月首个巳日）的水边祭礼，意在洗濯去垢，消除不祥，是日也称“上巳节”。三国魏之后，“上巳节”固定在三月三日，又称“春禊”。截至南宋，它都是中国古代重要传统节日之一。

在“上巳节”，人们经常玩一种“曲水流觞”的游戏，即在小河上游放置酒杯，让酒杯顺流而下，停在谁面前谁就取杯饮酒。这一习俗后来发展成为文人墨客唱酬的雅事。不过，在明清两代，“上巳节”更多地被当成一种怀古节日。在明代画家仇英绘就的《修禊图》中，一位蓝衣男子立席而起，临流舞蹈。

觀宇宙之大俯察品類之盛
所以遊目騁懷足以極視聽之
娛信可樂也夫人之相與俯仰
一世或取諸懷抱悟言一室之内
或因寄所託放浪形骸之外雖

清王铎书条幅

东晋王羲之书《兰亭序》之三

观宇宙之大，俯察品类之盛，所以游目骋怀，足以极视听之娱，信可乐也。夫人之相与，俯仰一世，或取诸怀抱，悟言一室之内；或因寄所托，放浪形骸之外。虽

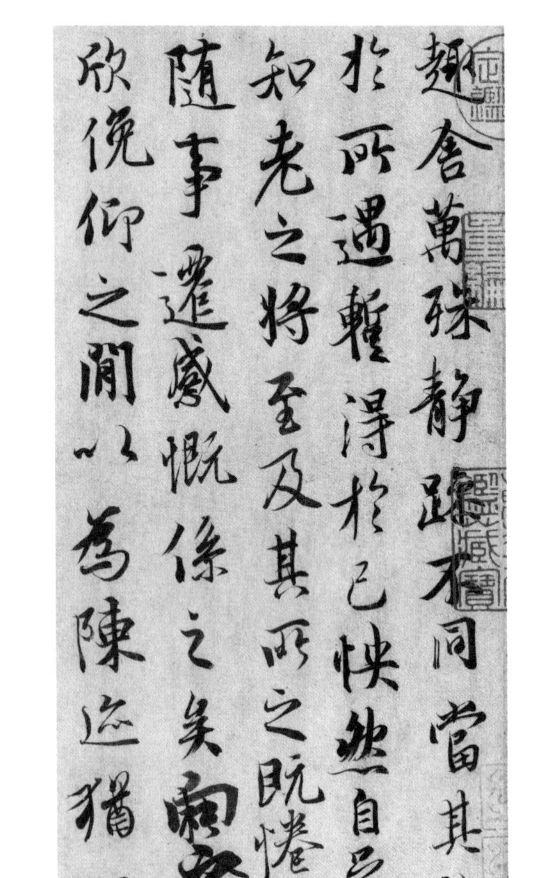
趣舍萬殊静躁不同當其欣
於所遇暫得於己快然自足不
知老之將至及其所之既惓情
隨事遷感慨係之矣向之所
欣俛仰之閒以為陳迹猶不

十一月　六日

南宋吴琚书册

东晋王羲之书《兰亭序》之四

趣（取）舍万殊，静躁不同，当其欣于所遇，暂得于己，快然自足，不知老之将至。及其所之既惓（倦），情随事迁，感慨系之矣！向之所欣，俯仰之间，已为陈迹，犹不

能不以之興懷況脩短隨化終
期於盡古人云死生亦大矣豈
不痛哉每攬昔人興感之由
若合一契未嘗不臨文嗟悼不
能喻之於懷固知一死生為虛

十二月 七日

七日

北宋苏轼书《李太白诗卷》

东晋王羲之书《兰亭序》之五

能不以之兴怀。况修短随化，终期于尽！古人云：“死生亦大矣。”岂不痛哉！每揽（览）昔人兴感之由，若合一契，未尝不临文嗟悼，不能喻之于怀。固知一死生为虚

誕齊彭殤為妄作後之視今
亦由今之視昔悲夫故列
敘時人錄其所述雖世殊事
異所以興懷其致一也後之攬
者亦將有感於斯文

十一月 八日

唐张从申书《李玄静碑》

东晋王羲之书《兰亭序》之六

诞，齐彭殇为妄作，后之视今，亦由（犹）今之视昔，悲夫！故列叙时人，录其所述。虽世殊事异，所以兴怀，其致一也。后之揽（览）者，亦将有感于斯文。

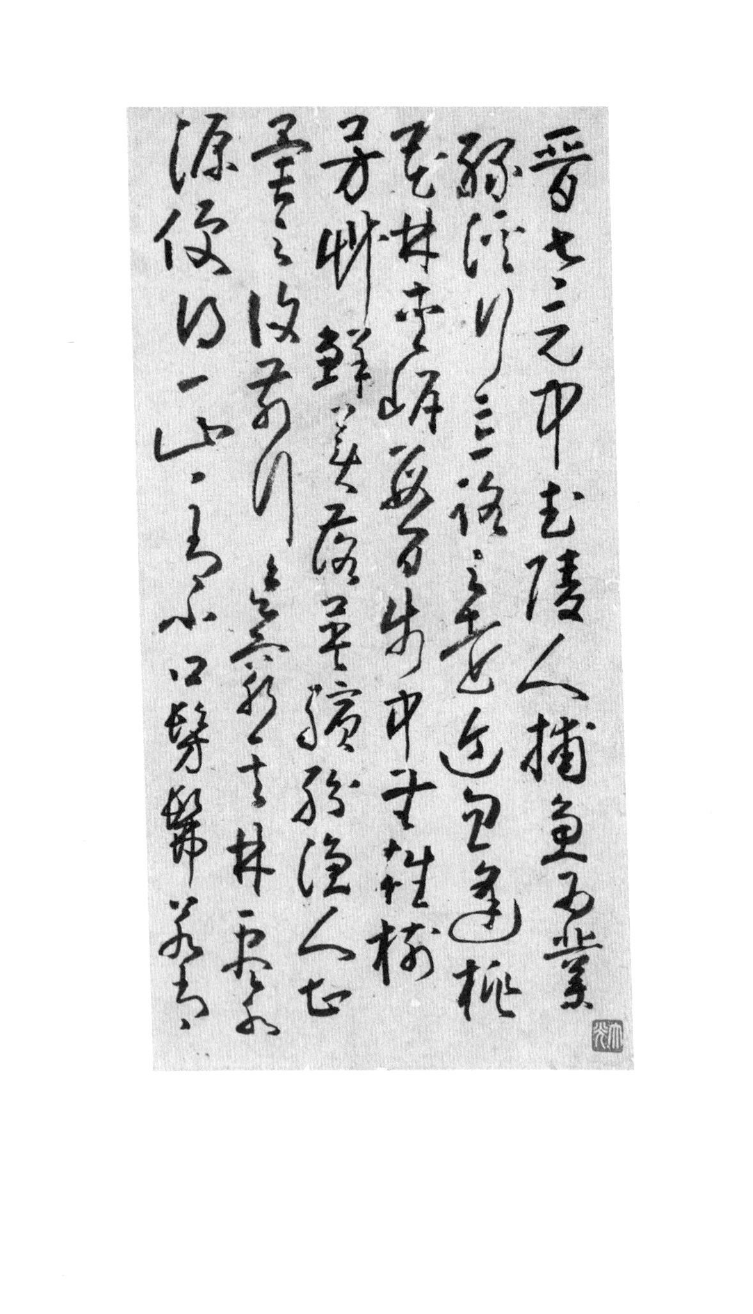

晉太元中武陵人捕魚為業
緣溪行忘路之遠近忽逢桃
花林夾岸數百步中無雜樹
芳草鮮美落英繽紛漁人甚
異之復前行欲窮其林林盡水
源便得一山山有小口髣髴若有光

十一月 九日

东晋王羲之书《集王圣教序》

清黄慎书《桃花源记》之一

晋太元中，武陵人捕鱼为业。缘溪行，忘路之远近。忽逢桃花林。夹岸数百步，中无杂树，芳草鲜美，落英缤纷。渔人甚异之。复前行，欲穷其林。林尽水源，便得一山。山有小口，仿佛若有

十一月 十日

北宋蔡襄书《自书诗卷》

明程君房制“兰亭修禊”墨

活跃于明万历年间的徽派制墨家程君房监制的墨，光洁细腻，款式典雅，深得文人喜爱。程氏制墨中有一款“兰亭墨”，以版画制模反印于墨面而成，在12.5厘米直径的圆形中再现了修禊盛会。像这么精致的大墨，一般都用作摆件观赏，而不是实用。

十一月 十一日

北宋黄庭坚书《赠张大同卷》

清佚名造《兰亭修褉图》山子

353年的“兰亭之会”如此著名，几乎盖过当年东晋任何一件大事而名显史册。其主要原因是王羲之所写的《兰亭序》具有不可复制的艺术价值：书法被尊为“天下第一行书”，文章寄托了敏感的中国人在良辰美景中感叹生命脆弱的宇宙观。因此，“兰亭之会”成为后代美术家屡次表现的题材。清乾隆年间以白玉雕作的《兰亭修褉图》仿佛马和之《兰亭图》的3D版，美轮美奂。

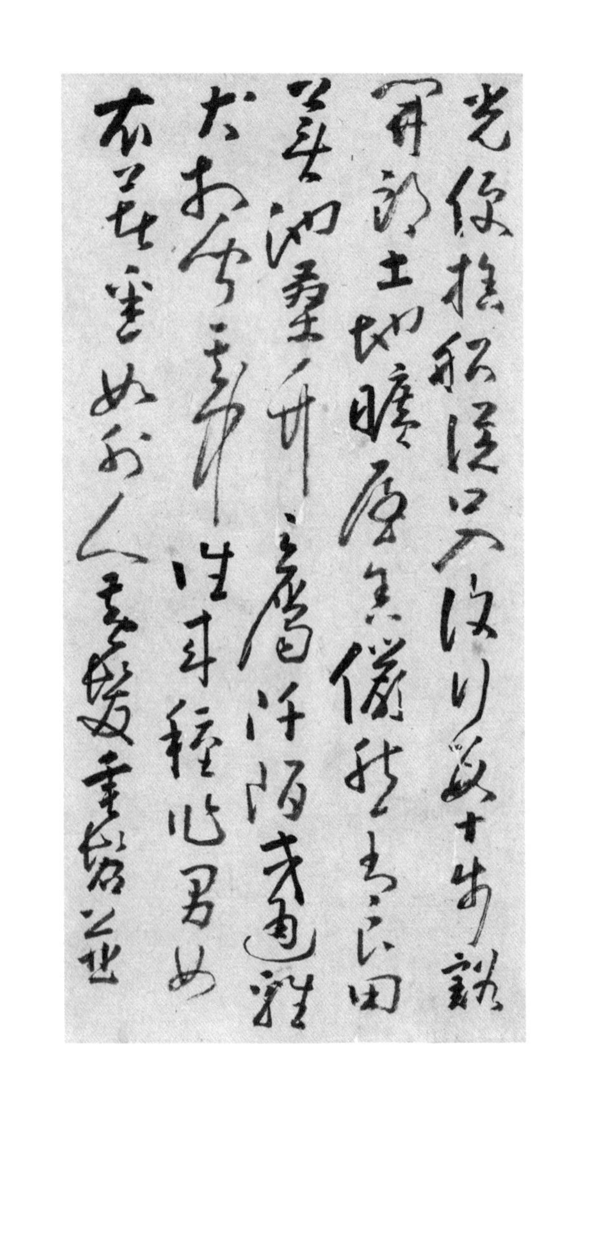

十一月 十二日

十二

明张瑞图书《感辽事作六首卷》

清黄慎书《桃花源记》之二

光。便舍船从口入。初极狭，才通人。复行数十步，豁然开朗。土地平旷，屋舍俨然，有良田、美池、桑竹之属，阡陌交通，鸡犬相闻。其中往来种作，男女衣着，悉如外人。黄发垂髫，并

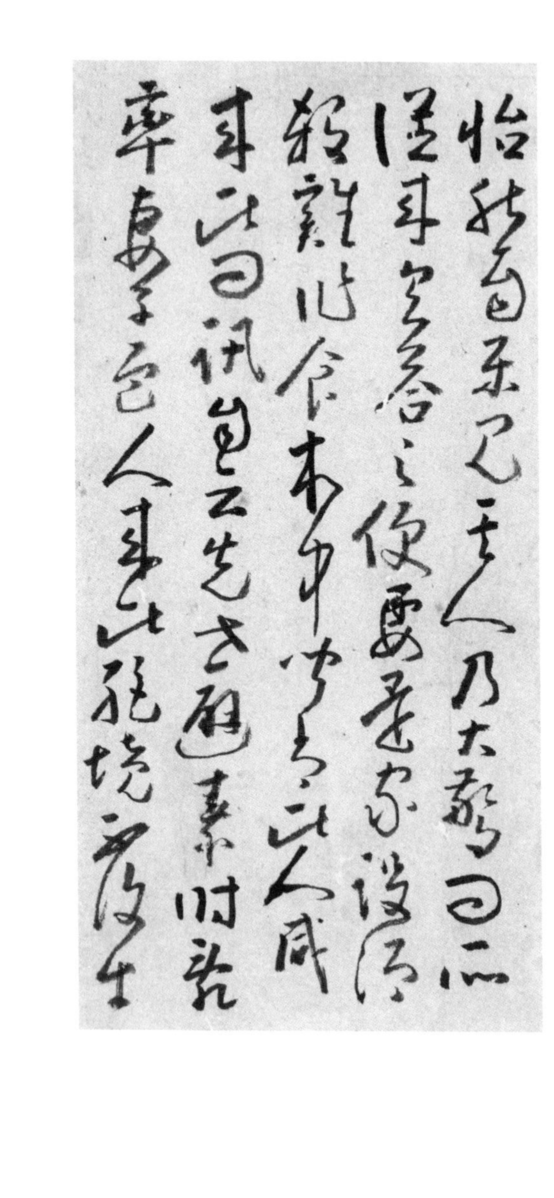

十一月 十三日

十三

东晋王羲之书《十七帖》

清黄慎书《桃花源记》之三

怡然自乐。见渔人，乃大惊，问所从来，具答之。便要还家，设酒杀鸡作食。村中闻有此人，咸来问讯。自云先世避秦时乱，率妻子邑人来此绝境，不复出

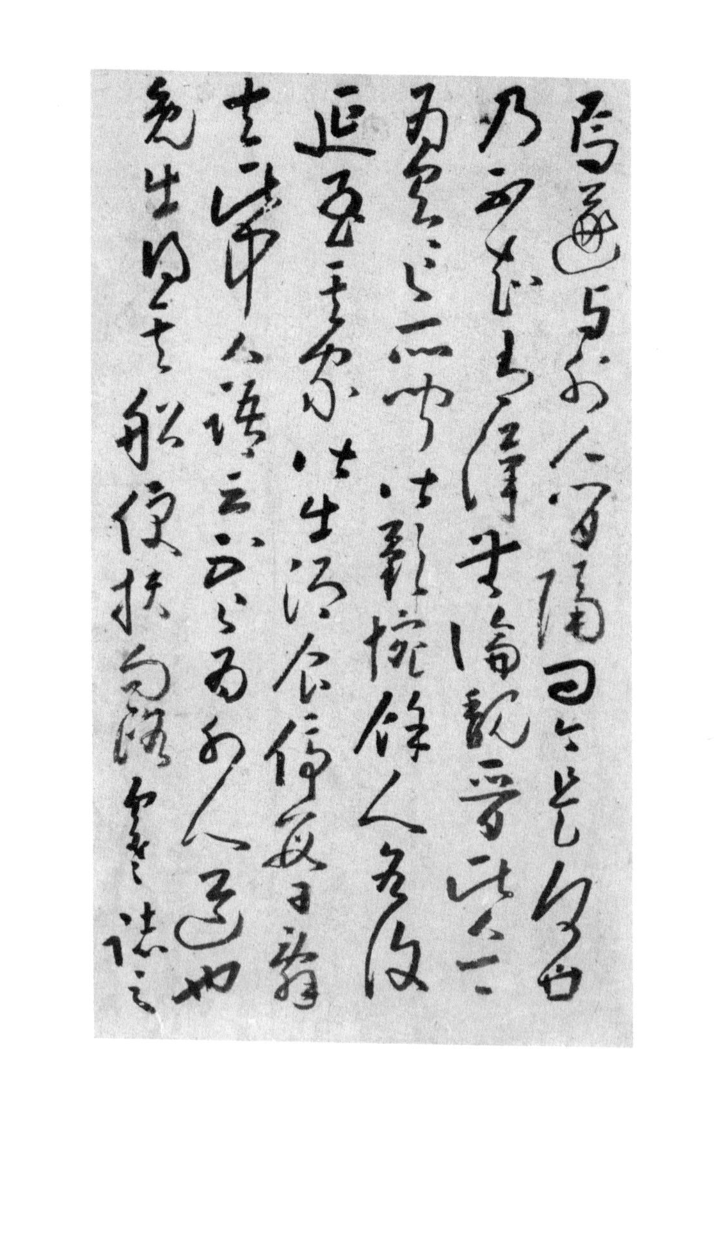

清黄慎书《桃花源记》之四

焉，遂与外人间隔。问今是何世，乃不知有汉，无论魏、晋。此人一一为具言所闻，皆叹惋。余人各复延至其家，皆出酒食。停数日，辞去。此中人语云：“不足为外人道也。”既出，得其船，便扶向路，处处志之。

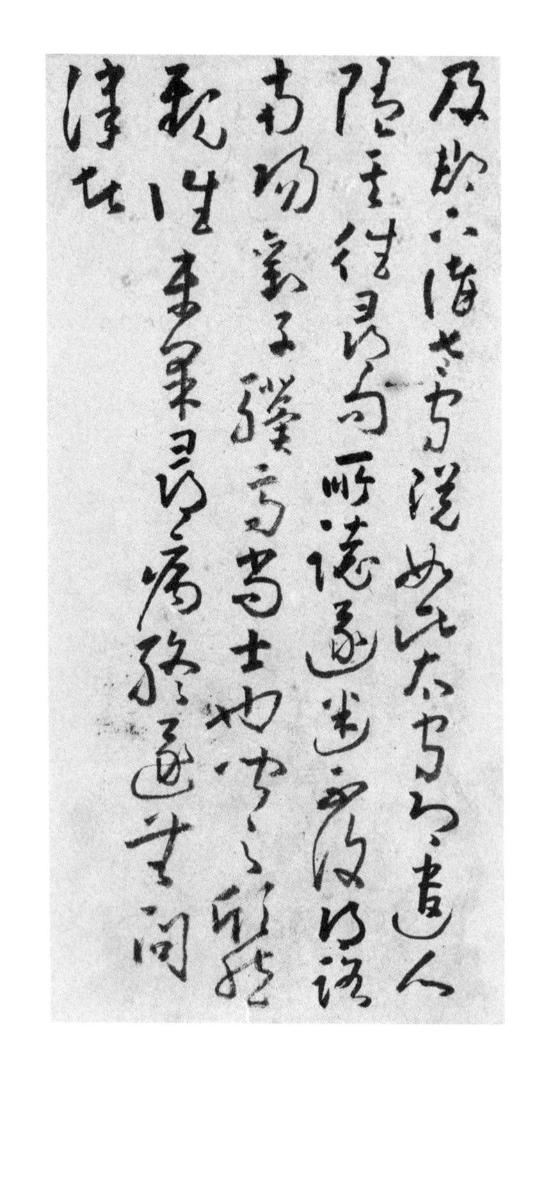

十一月　十五日

北宋米芾书《吴江舟中诗》

清黄慎书《桃花源记》之五

及郡下，诣太守，说如此。太守即遣人随其往，寻向所志，遂迷不复得路。南阳刘子骥，高尚士也。闻之，欣然规往，未果，寻病终。后遂无问津者。

壬戌之秋七月既望蘇子与
客泛舟游于赤壁之下清風
徐来水波不興舉酒屬客
誦明月之詩歌窈窕之章
少焉月出於東山之上裴回
於斗牛之間白露橫江水
光接天縱一葦之所如陵
万頃之茫然浩浩乎如馮虛
御風而不知其所止飄飄乎
如遺世獨立羽化而登僊

十一月 十六日

唐李邕书《云麾将军李秀碑》

北宋苏轼书《赤壁赋》之一

壬戌之秋，七月既望，苏子与客泛舟游于赤壁之下。清风徐来，水波不兴。举酒属客，诵《明月》之诗，歌《窈窕》之章。少焉，月出于东山之上，徘徊于斗牛之间。白露横江，水光接天。纵一苇之所如，凌万顷之茫然。浩浩乎如冯虚御风，而不知其所止；飘飘乎如遗世独立，羽化而登仙。

十一月 十七日

十七

唐张从申书《李玄静碑》

明文徵明绘《桃源问津图》

何谓良辰美景？生逢乱世的东晋文学家陶渊明创造了一个纸上乌托邦“桃花源”。他在神话式散文《桃花源记》中，借一位武陵渔人偶然出入桃花源的经历，虚构了一个和平自由、自给自足的世界。

如果写得神乎其神，《桃花源记》不过是过眼云烟。陶渊明过人之处在于，用纪录片式的语言描绘了一个世外仙境，让你觉得它仿佛是真实存在的。

虽然近年湖南桃源和重庆酉阳两县都在争“原型”，但是，自古至今，“桃花源”都是理想社会的代名词。“桃花源”的景色与其说实有，不如说是美好的

十一月 十八日

北宋米芾书《虹县诗卷》

想象。这就给后世画家再现“桃花源”留下巨大空间。

明代画家文徵明一生好画“桃花源”，有七幅作品存世。嘉靖三十五年（1556 年）二月间，已 85 岁高龄的文徵明按照《桃花源记》全文顺序，以 6 米长卷完成了《桃源问津图》。夹岸桃花、良田美池，乃至避世村人，都一一活现于卷中。有论者如是评论这幅画的意蕴：“文徵明对桃源主题的贡献体现在他对人间的热爱上。……他笔下的景物都呈现出人间景物的平凡特性。既没有缭绕的烟雾，也没有肃穆的气氛，宁静平和是他的主调。”

於是飲酒樂甚扣舷而
歌之歌曰桂棹兮蘭槳
擊空明兮泝流光渺渺兮
余懷望美人兮天一方客有
吹洞簫者倚歌而和之其
聲嗚嗚然如怨如慕如
泣如訴餘音嫋嫋不絕如
縷舞幽壑之潛蛟泣孤
舟之嫠婦蘇子愀然正
襟危坐而問客曰何為其
然也客曰月明星稀烏鵲

十一月 十九日

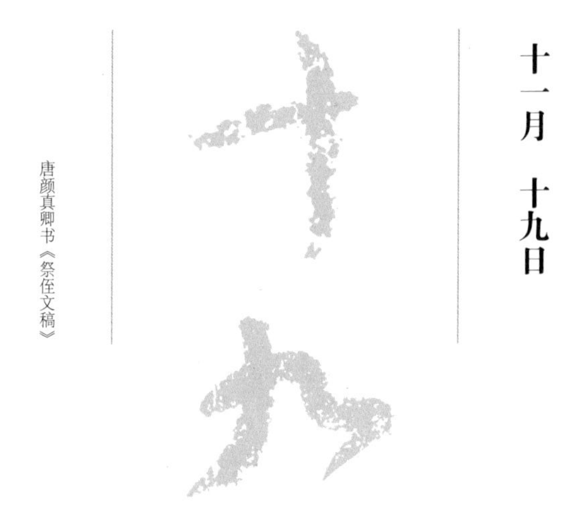

唐颜真卿书《祭侄文稿》

北宋苏轼书《赤壁赋》之二

于是饮酒乐甚，扣舷而歌之。歌曰：“桂棹兮兰桨，击空明兮溯流光。渺渺兮予怀，望美人兮天一方。”客有吹洞箫者，倚歌而和之。其声呜呜然，如怨如慕，如泣如诉；余音袅袅，不绝如缕，舞幽壑之潜蛟，泣孤舟之嫠妇。苏子愀然，正襟危坐而问客曰：“何为其然也？”客曰：“‘月明星稀，乌鹊

南飛此非曹孟德之詩乎
西望夏口東望武昌山川
相繆鬱乎蒼蒼此非孟德
之困於周郎者乎方其破
荆州下江陵順流而東也
舳艫千里旌旗蔽空釃
酒臨江橫槊賦詩固一世
之雄也而今安在哉況吾与
子漁樵於江渚之上侶魚
鰕而友麋鹿駕一葉之扁
舟舉匏樽以相屬寄蜉
蝣於天地渺浮海之一粟

十一月　二十日

唐李邕书《李思训碑》

北宋苏轼书《赤壁赋》之三

南飞。’此非曹孟德之诗乎？西望夏口，东望武昌，山川相缪，郁乎苍苍，此非孟德之困于周郎者乎？方其破荆州，下江陵，顺流而东也，舳舻千里，旌旗蔽空，酾酒临江，横槊赋诗，固一世之雄也，而今安在哉？况吾与子渔樵于江渚之上，侣鱼虾而友麋鹿，驾一叶之扁舟，举匏樽以相属。寄蜉蝣于天地，渺沧海之一粟，

哀吾生之須臾羨長江之
無窮挾飛仙以遨游抱
明月而長終知不可乎驟
得託遺響於悲風蘇子
曰客亦知夫水与月乎逝者
如斯而未嘗往也贏虛者
如彼而卒莫消長也蓋將
自其變者而觀之則天地
曾不能以一瞬自其不變
者而觀之則物与我皆無
盡也而又何羨乎且夫天地

十一月 廿一日

南宋吴琚书册

北宋苏轼书《赤壁赋》之四

哀吾生之须臾，羡长江之无穷。挟飞仙以遨游，抱明月而长终。知不可乎骤得，托遗响于悲风。”苏子曰：“客亦知夫水与月乎？逝者如斯，而未尝往也；赢虚者如彼，而卒莫消长也。盖将自其变者而观之，则天地曾不能以一瞬；自其不变者而观之，则物与我皆无尽也，而又何羡乎？且夫天地

之間物各有主苟非吾之
所有雖一毫而莫取惟
江上之清風与山間之明
月耳得之而為聲目遇
之而成色取之無禁用之
不竭是造物者之無盡藏
也而吾与子之所共食客喜
而笑洗盞更平酌肴核
既盡杯盤狼藉相与枕
藉乎舟中不知東方之既
白

十一月 廿二日

东晋王献之书尺牍

北宋苏轼书《赤壁赋》之五

之间，物各有主，苟非吾之所有，虽一毫而莫取。惟江上之清风，与山间之明月，耳得之而为声，目遇之而成色，取之无禁，用之不竭，是造物者之无尽藏也，而吾与子之所共食（适）。”客喜而笑，洗盏更酌。肴核既尽，杯盘狼籍。相与枕藉乎舟中，不知东方之既白。

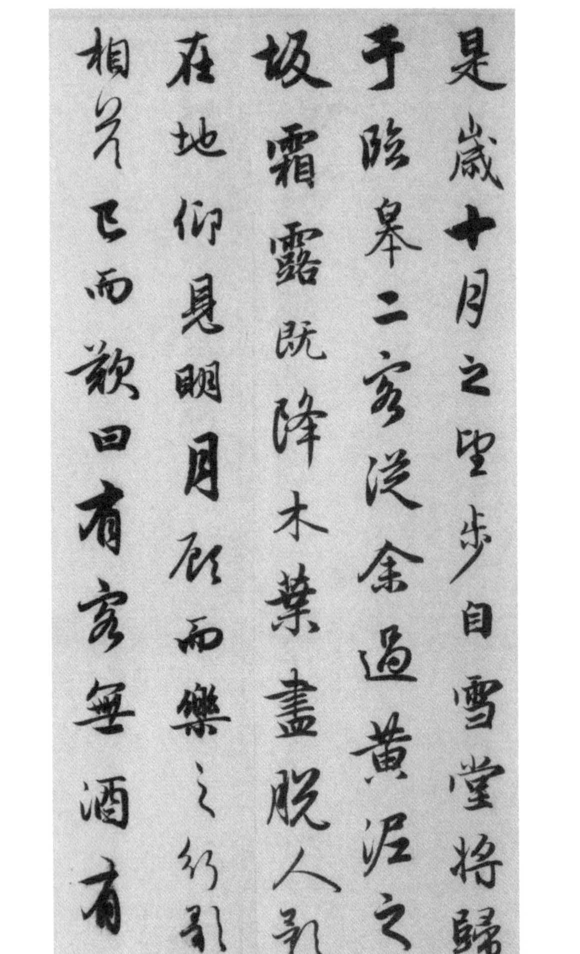

是歲十月之望步自雪堂將歸
于臨皋二客從余過黃泥之
坂霜露既降木葉盡脫人影
在地仰見明月顧而樂之行歌
相答已而歎曰有客無酒有

十一月 廿三日

东晋王羲之书《十七帖》

元赵孟頫书《后赤壁赋》之一

是岁十月之望，步自雪堂，将归于临皋。二客从余，过黄泥之坂。霜露既降，木叶尽脱，人影在地，仰见明月，顾而乐之，行歌相答。已而叹曰：“有客无酒，有

十一月 廿四日

廿四

唐佚名书《栖岩寺智通禅师塔铭》

金武元直绘《赤壁图》

元丰五年（1082年），早年因“乌台诗案”被贬谪黄州（今湖北黄冈）的苏轼在七月十六日和十月十五日与友人泛舟游赤壁，先后写下《赤壁赋》（也称《前赤壁赋》）和《后赤壁赋》。在《赤壁赋》中，苏轼借月夜泛舟怀古而发出超脱感叹。

金代画家武元直绘就的《赤壁图》以“苏子与客泛舟游于赤壁之下”为中心，重点表现“纵一苇之所如，凌万顷之茫然”的境界，斧皴健劲，气象雄浑。这样大气的画作在同时的南宋是难找到的，多为后世画家创作同主题作品所参考。

十一月 廿五日

廿五

北宋蔡襄书尺牍

明丁云鹏等合作《后赤壁赋》扇面

《后赤壁赋》虽后出，但是与《前赤壁赋》一样有名，其中“山高月小，水落石出”等名句已成汉语俗语。两赋都有绘画作品存世，同题构图多有相似，容易弄混。它们最显著的差别是：凡是画有一只孤鹤的即是《后赤壁赋》图。

《后赤壁赋》记录了苏轼一次奇遇：“时夜将半，四顾寂寥。适有孤鹤，横江东来。翅如车轮，玄裳缟衣，戛然长鸣，掠余舟而西也。”明代画家丁云鹏借小小扇面展现了这一场景。扇面上部是明人姜贞吉以细如米粒的超微楷书完成的《后赤壁赋》。

酒無肴月白風清如此良夜何
客曰今者薄暮舉網得魚巨口
細鱗狀如松江之鱸顧安所得酒
乎歸而謀諸婦婦曰我有斗酒
藏之久矣以待子不時之須於
是攜酒與魚復遊於赤壁之下
江流有聲斷岸千尺山高月小

十一月　廿六日

廿六

元赵孟頫书尺牍

元赵孟頫书《后赤壁赋》之二

酒无肴。月白风清，如此良夜何！”客曰：“今者薄暮，举网得鱼，巨口细鳞，状如松江之鲈。顾安所得酒乎？”归而谋诸妇。妇曰：“我有斗酒，藏之久矣，以待子不时之需。”于是携酒与鱼，复游于赤壁之下。江流有声，断岸千尺，山高月小，

水落石出曾日月之幾何而山
川不可復識矣余乃攝衣而上
履巉巖披蒙茸踞虎豹登
虬龍攀栖鶻之危巢俯馮夷
之幽宮蓋二客不能從焉劃然
長嘯草木震動山鳴谷應風

十一月　廿七日

东晋王羲之书《十七帖》

元赵孟頫书《后赤壁赋》之三

水落石出。曾日月之几何，而山川不可复识矣！余乃摄衣而上，履巉岩，披蒙茸，踞虎豹，登虬龙，攀栖鹘之危巢，俯冯夷之幽宫。盖二客不能从焉。划然长啸，草木震动，山鸣谷应，风

起水涌余亦悄然而悲肅然而
恐懔乎其不可留也返而登舟
放乎中流聽其所止而休焉時
夜將半四顧寂寥適有孤鶴
橫江東來翅如車輪玄裳縞
衣戛然長鳴掠余舟而西也須臾
客去余亦就睡夢二道士羽衣

十一月　廿八日

北宋苏轼书尺牍

元赵孟頫书《后赤壁赋》之四

起水涌。余亦悄然而悲，肃然而恐，凛乎其不可留也。返而登舟，放乎中流，听其所止而休焉。时夜将半，四顾寂寥。适有孤鹤，横江东来，翅如车轮，玄裳缟衣，戛然长鸣，掠余舟而西也。须臾客去，余亦就睡。梦一道士，羽衣

蹁躚過於臯之下揖余而言曰
赤壁之遊樂乎問其姓名俛而
不荅烏乎噫嘻我知之矣疇
昔之夜飛鳴而過我者非子
也耶道士顧笑余亦驚寤開
戶視之不見其處

十一月 廿九日

东晋王献之书尺牍

元赵孟頫书《后赤壁赋》之五

蹁跹，过临皋之下，揖余而言曰：“赤壁之游乐乎？”问其姓名，俯而不答。乌乎（呜呼）噫嘻！我知之矣！“畴昔之夜，飞鸣而过我者，非子也耶？”道士顾笑，予亦惊寤。开户视之，不见其处。

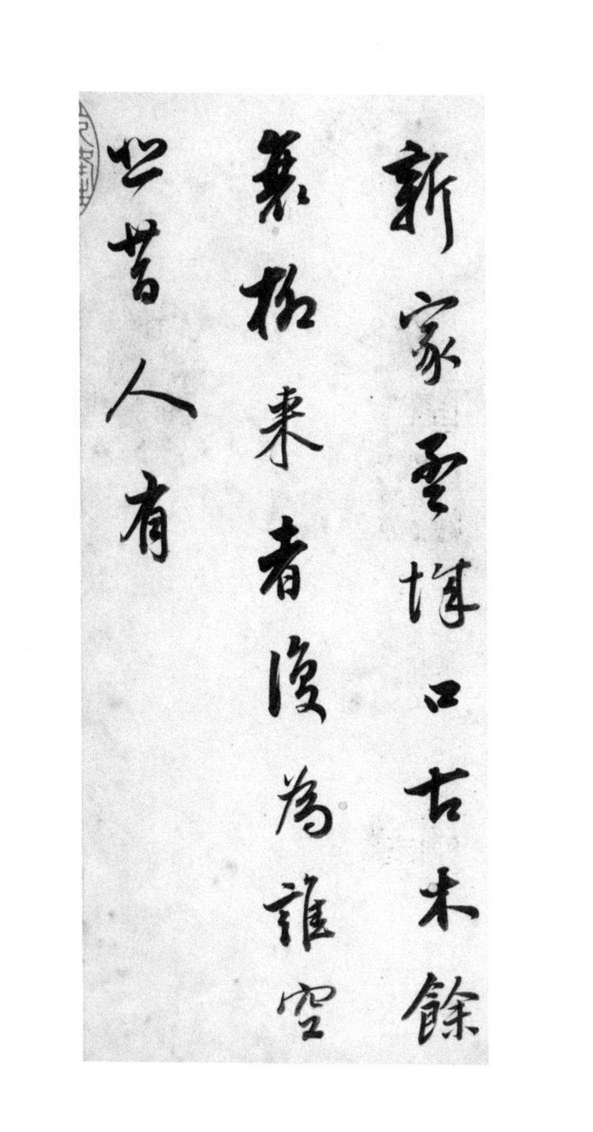
新家孟城口古木餘
衰柳來者復為誰空
悲昔人有

十二月 三十日

明董其昌书《罗汉赞》

明董其昌书唐王维诗《辋川集》之《孟城坳》

新家孟城口，古木余衰柳。来者复为谁？空悲昔人有。

清陈祖章制《东坡夜游赤壁》核舟

乾隆二年（1737 年）五月，清内府造办处牙雕匠人陈祖章在长仅 3.4 厘米的橄榄核上雕制了一艘篷船，内有主客等八人，倚窗而坐、头戴高桶短檐帽的是苏轼。船底刻有《后赤壁赋》全文，表明主旨。

那个苏轼遇鹤的奇遇还有一个更神奇的结尾。苏轼夜梦一道士拱手作揖说：“赤壁游快乐吗？”苏轼问他姓名，他低头不回答。苏轼才省悟：那天晚上飞鸣而过的仙鹤正是这位道士……一切都在梦中。

余曩臥病汝南友人高符仲
攜摩詰輞川圖過直中相
示言能愈疾遂命童持於枕
旁閱之恍入華子岡泊文杏
竹里館與裴迪諸人相酬唱忘
此身之匏繫也因念摩詰畫意
在塵外景在筆端足以娛性
情而悅耳目前身畫師
之語非謬已今何幸復睹
是圖彷彿西域雪山移置眼
界當此盛夏對之凜凜如立
風雪中覺惠連所賦猶未盡
山林景耳呼一筆墨間向得
之而愈病今得而清暑善觀
者宜以神遇而不徒目視也五月
二十日高郵秦觀記

北宋秦观书《摩诘〈辋川图〉跋》

看画治病，这是北宋词人秦观的经历。元祐二年（1087年）夏天，时任蔡州教授的秦观得了痢疾。友人高永亨（字符仲）拿一幅藏画来看他，说“阅此可以愈疾”。秦观于是让二儿从旁展卷，阅于枕上，恍然如入图中，数日之后竟然痊愈！这幅具有神奇疗效的画作就是唐代诗人、画家王维（字摩诘）的名作《辋川图》。秦观在为高氏藏《辋川图》所写题跋中特意提及此事，载其文集《淮海集》。

此后某年五月二十日，秦观再次与这幅画相遇并作跋时，幸福地言及往事。后跋虽未收入《淮海集》，但真迹幸存于世，今藏台北故宫博物院。

飛鳥去不窮連山復秋
色上下華子岡惆悵情
何極

十二月　三日

北魏佚名书《高树造像记》

明董其昌书唐王维诗《辋川集》之《华子岗》

飞鸟去不穷，连山复秋色。上下华子冈，惆怅情何极！

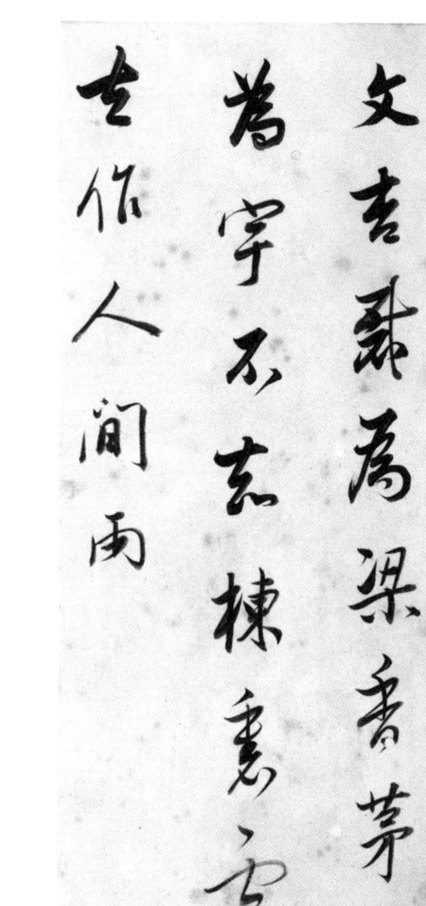
文杏裁為梁香茅結
為宇不知棟裏雲
去作人間雨

明董其昌书唐王维诗《辋川集》之《文杏馆》

文杏裁为梁，香茅结为宇。不知栋里云，去作人间雨。

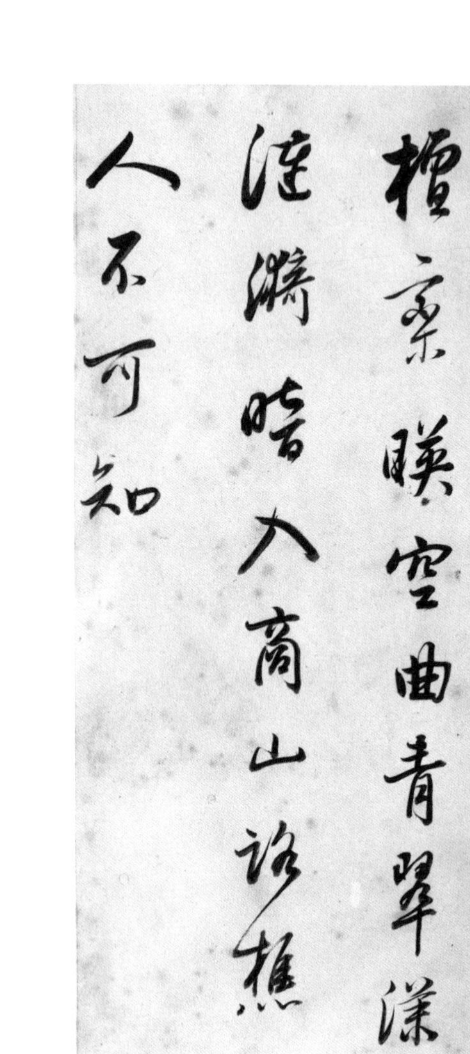
檀栾暎空曲青翠漾
漣漪暗入商山路樵
人不可知

十二月　五日

五日

北魏佚名书《张猛龙碑》

明董其昌书唐王维诗《辋川集》之《斤竹岭》

檀栾映空曲，青翠漾涟漪。暗入商山路，樵人不可知。

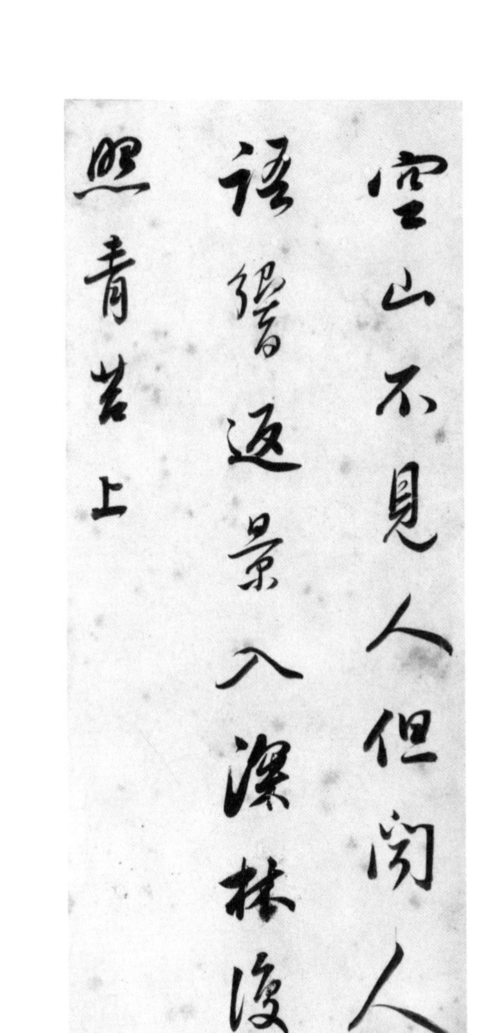
空山不見人但聞人
語響返景入深林復
照青苔上

十二月　六日

六日

唐王知敬书《李靖碑》

明董其昌书唐王维诗《辋川集》之《鹿柴》

空山不见人，但闻人语响。返景入深林，复照青苔上。

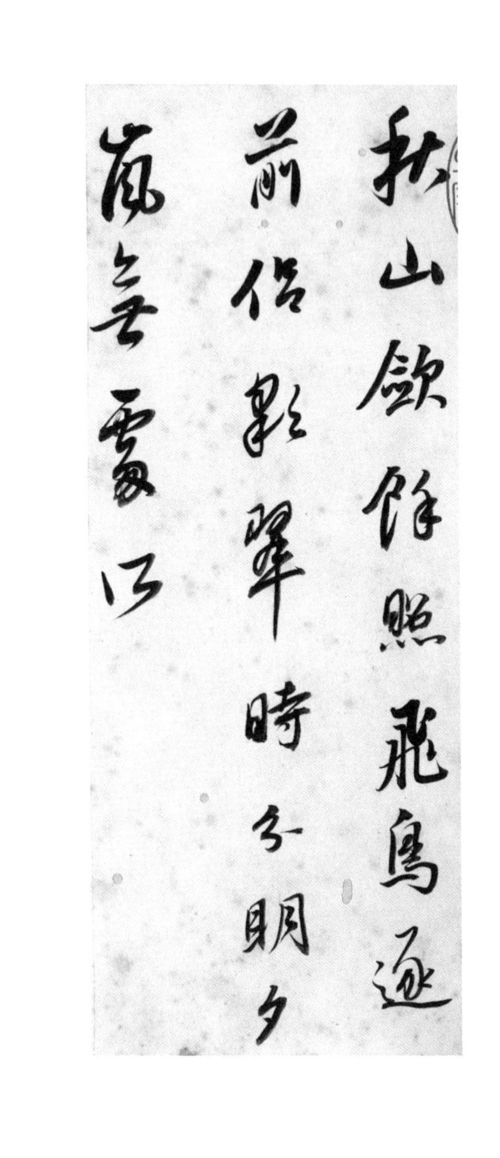
秋山斂餘照飛鳥逐
前侶彩翠時分明夕
嵐無處所

十二月 七日

七日

唐薛稷书《信行禅师碑》

明董其昌书唐王维诗《辋川集》之《木兰柴》

秋山敛余照，飞鸟逐前侣。彩翠时分明，夕岚无处所。

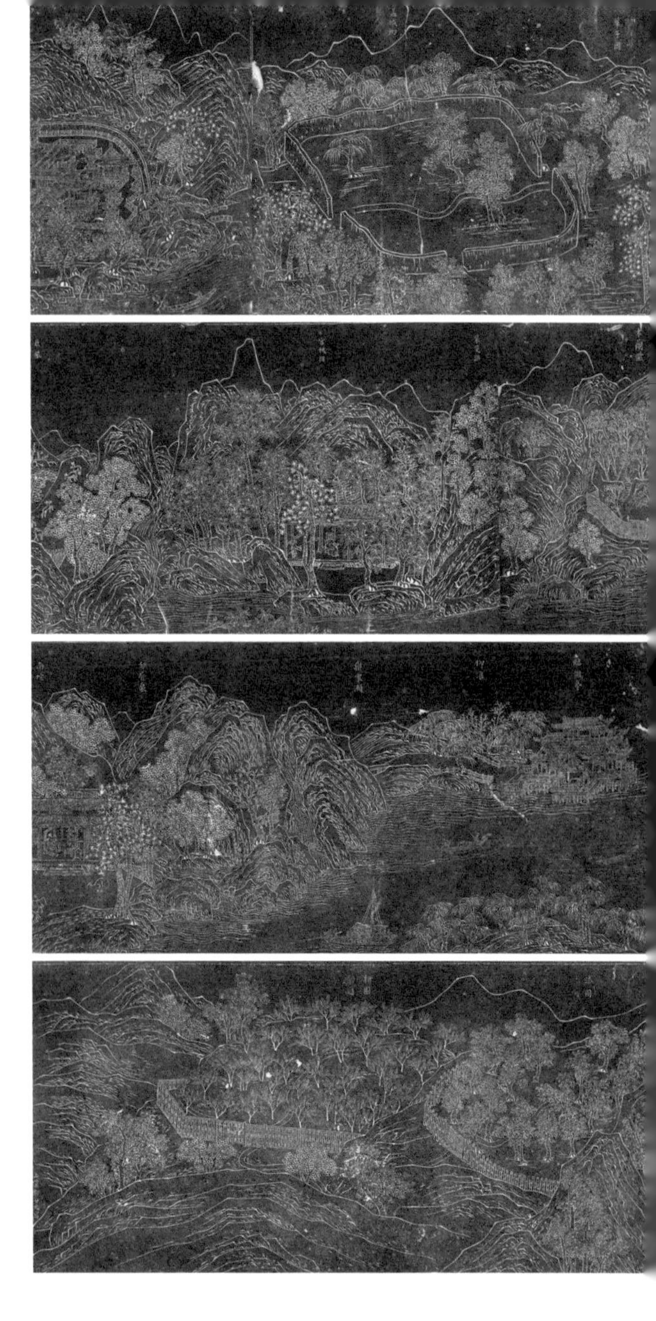

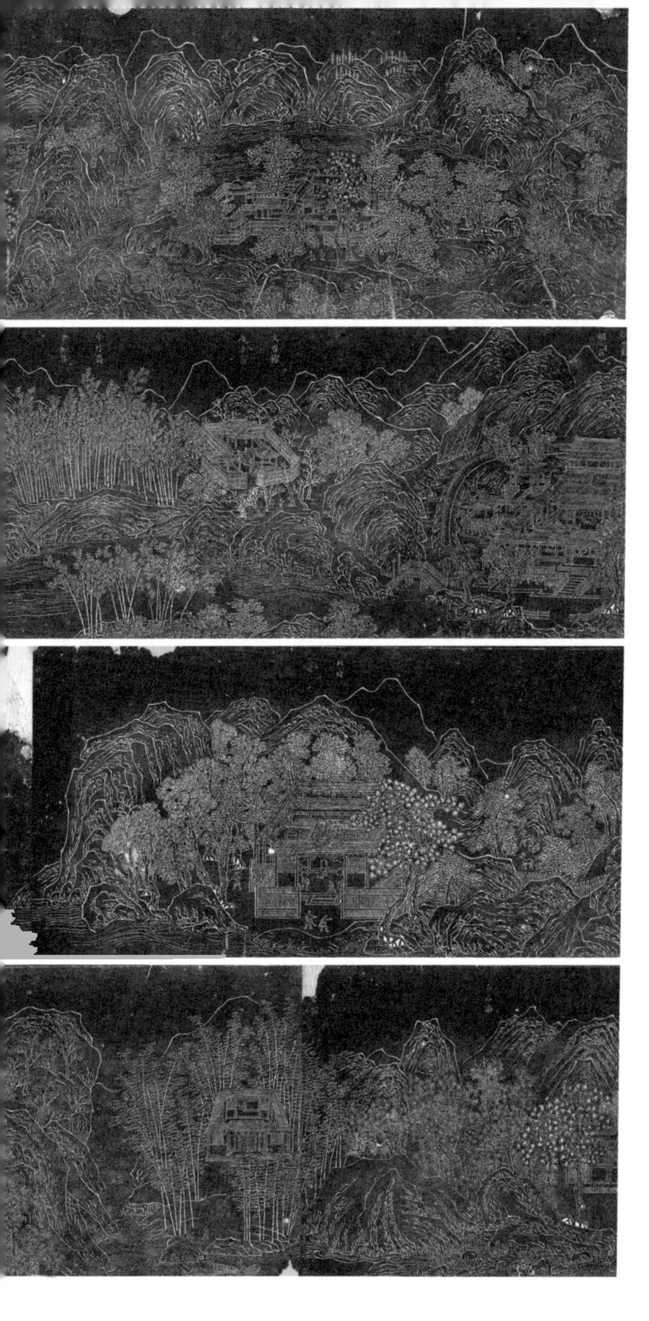

十二月 八日

南宋张即之书《金刚经》

北宋郭忠恕临王维《辋川图》石刻拓片

唐代诗人王维虽然状元及第，但是宦海沉浮，又见证了“安史之乱”，大半辈子不顺。天宝三载（744 年），王维买下原唐初诗人宋之问位于辋川山谷（今陕西蓝田西南）的山庄，加建园林别墅，隐居于此。在此人间乐园生活的十几年间，王维的山水诗创作井喷。其中，他和友人裴迪歌咏辋川别墅 20 处胜景的同题五言古诗共 40 首组成的《辋川集》最为有名。

史载，具有绘画天赋的王维还画有《辋川图》，再现别业风景，“山谷幽盘，

十二月 九日

九日

唐薛稷书《信行禅师碑》

云水飞动，意出尘外，怪生笔端”，但没有保存下来。从五代开始，《辋川图》临本开始出现，至北宋已有多个版本，最接近原迹的是北宋画家郭忠恕的临本。北宋秦观所见《辋川图》很可能就是这种临本。不过，郭忠恕临本后来也失传了，好在明代万历年间有好古者将其刻上石，让后人推想辋川别业有了一点依据。

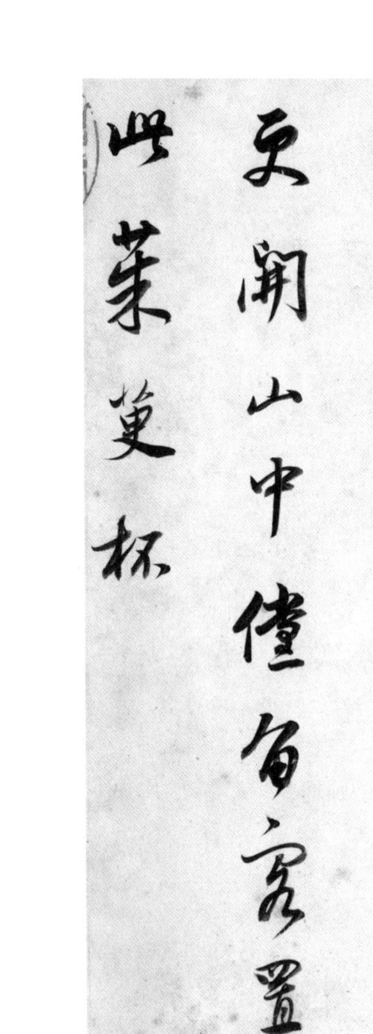
結實紅且綠復如花
更開山中儻留客置
此茱萸杯

十二月　十日

北魏佚名书《司马绍墓志》

十日

明董其昌书唐王维诗《辋川集》之《茱萸沜》

结实红且绿，复如花更开。山中傥留客，置此茱萸杯。

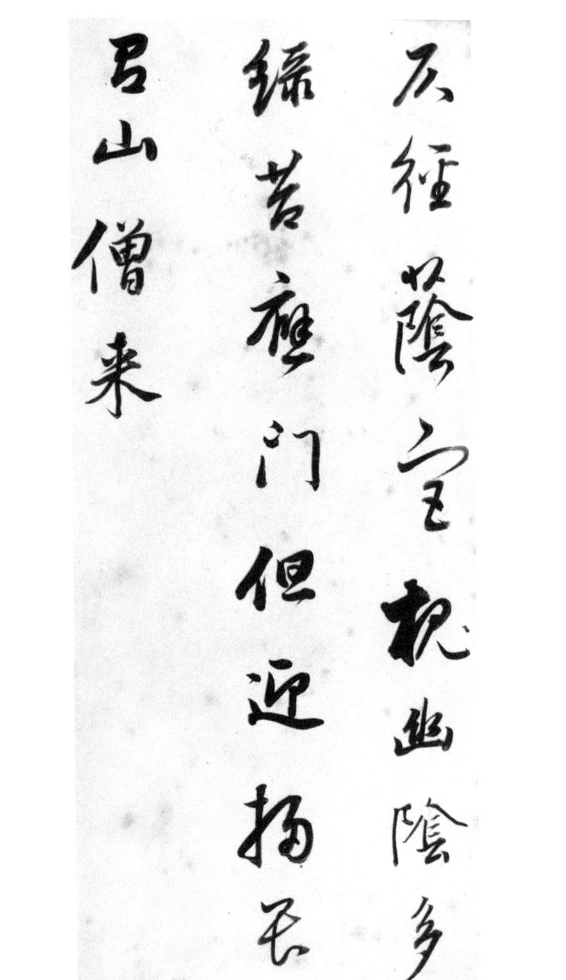

十二月 十一日

元赵孟頫书《胆巴碑》

明董其昌书唐王维诗《辋川集》之《宫槐陌》

仄径荫宫槐，幽阴多绿苔。应门但迎扫，畏有山僧来。

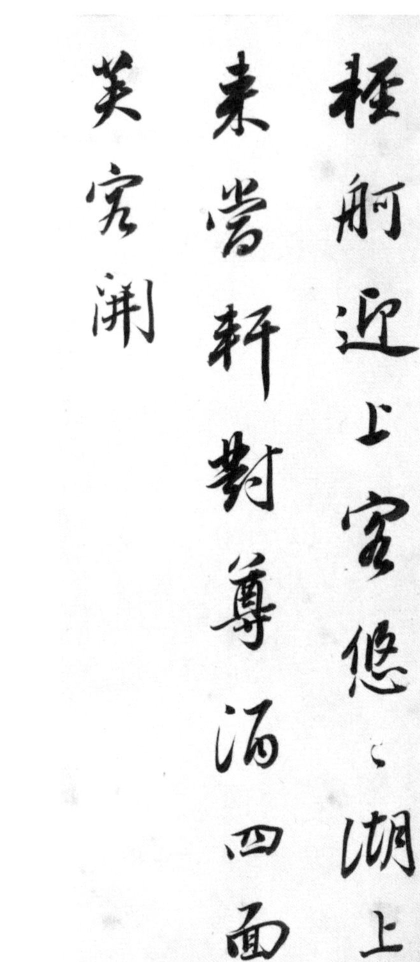
輕舸迎上客悠悠湖上
來當軒對尊酒四面
芙蓉開

十二月 十二日

明董其昌书唐王维诗《辋川集》之《临湖亭》

轻舸迎上客，悠悠湖上来。当轩对尊（樽）酒，四面芙蓉开。

輕舟南垞去，北垞淼難即。隔浦望人家，遙遙不相識。

十二月 十三日

唐柳公权书《玄秘塔碑》

明董其昌书唐王维诗《辋川集》之《南垞》

轻舟南垞去，北垞淼难即。隔浦望人家，遥遥不相识。

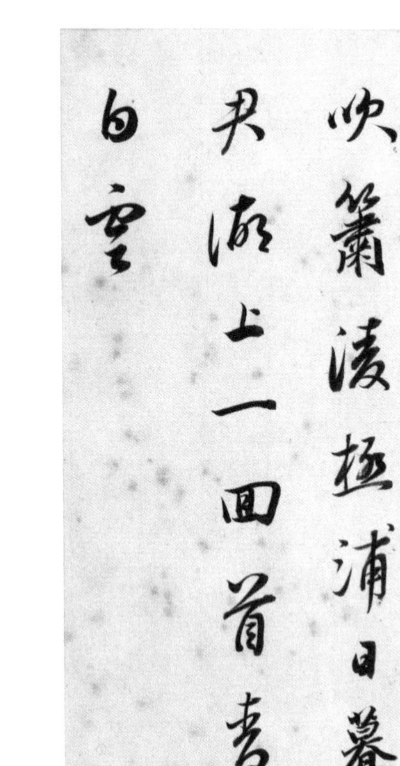
吹簫淩極浦日暮送夫
君湖上一回首青山卷
白雲

十二月 十四日

北魏佚名书《广川王祖母太妃侯为幼孙造像记》

明董其昌书唐王维诗《辋川集》之《欹湖》

吹箫凌极浦，日暮送夫君。湖上一回首，青山卷白云。

十二月　十五日

唐颜真卿书《麻姑仙坛记》

十五

（传）元赵孟頫绘《辋川图》（局部）

自8世纪中期王维《辋川集》和《辋川图》诞生以来，“辋川”成为继陶渊明的“桃花源”之后又一个中国士人的精神家园符号和具有文化指向的创作主题。在客观上，王维《辋川图》原作的失传反而给后世临摹本纷现留下机会。至元代，《辋川图》绘本模板基本定型，即选取全部或部分景点，以移步换景的长卷加以展现。

传为元代书画家赵孟頫所绘的《辋川图》在总体结构上参考了宋代传本，同时，又有别构。比如，偶尔丛出的山峰呈现欲倾的斜势，强调了高远和动感。如此不安分的山峰在恬淡的《辋川集》中并没有出现，但这正是画者心中的辋川！

十二月 十六日

十六

唐佚名书《孔颖达碑》

明仇英绘《辋川十景图》（局部）

《辋川图》在主题和构图相对固定后，后代画家能发挥的主要是变换画法和局部改变，借以显示对《辋川集》诗意乃至王维的理解。

明代画家仇英选择了《辋川图》中的十景进行描绘，采取的是他擅长的青绿山水画法。本幅局部主题为《竹里馆》。王维所作同题诗尤其著名：“独坐幽篁里，弹琴复长啸。深林人不知，明月来相照。”

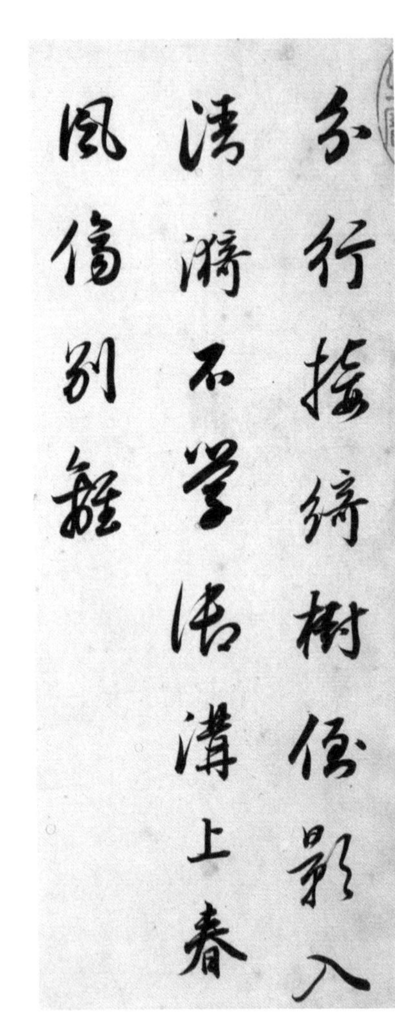
分行接綺樹倒影入
清漪不學御溝上春
風傷別離

明董其昌书唐王维诗《辋川集》之《柳浪》

分行接绮树，倒影入清漪。不学御沟上，春风伤别离。

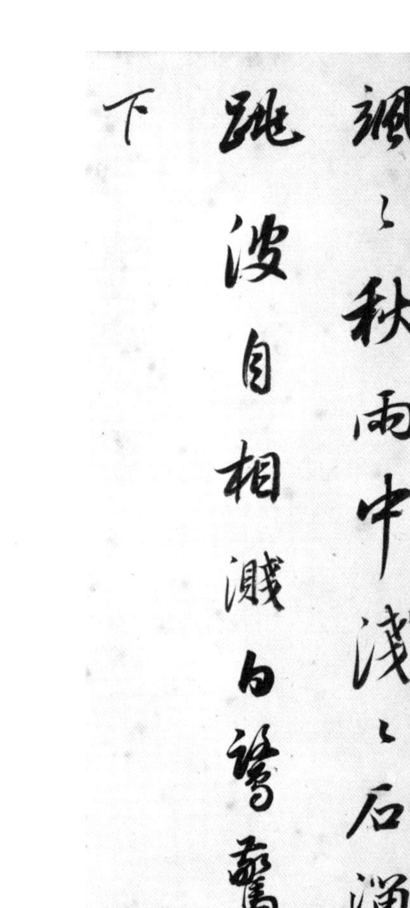
颯々秋雨中淺々石溜瀉
跳波自相濺白鷺驚復
下

十二月 十八日

唐魏栖梧书《善才寺碑》

明董其昌书唐王维诗《辋川集》之《栾家濑》

飒飒秋雨中，浅浅石溜泻。跳波自相溅，白鹭惊复下。

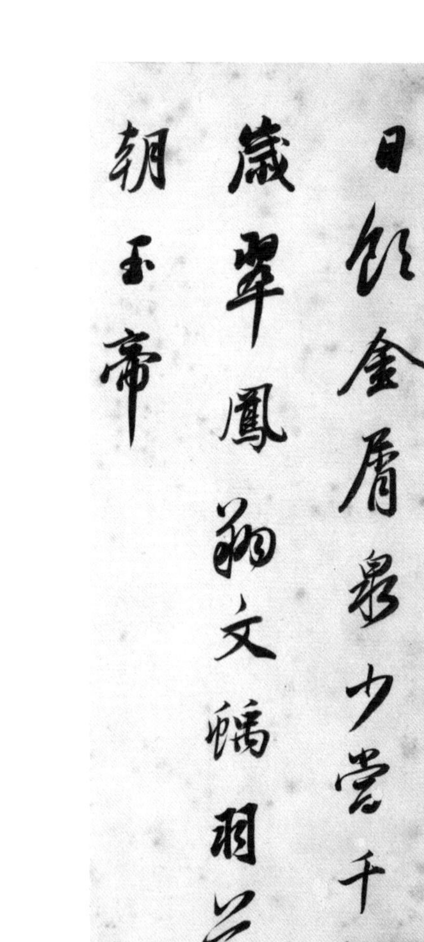
日飲金屑泉少當千餘
歲翠鳳翊文螭羽節
朝玉帝

十二月　十九日

十九

北魏佚名书《董美人墓志》

明董其昌书唐王维诗《辋川集》之《金屑泉》

日饮金屑泉，少当千余岁。翠凤翔文螭，羽节朝玉帝。

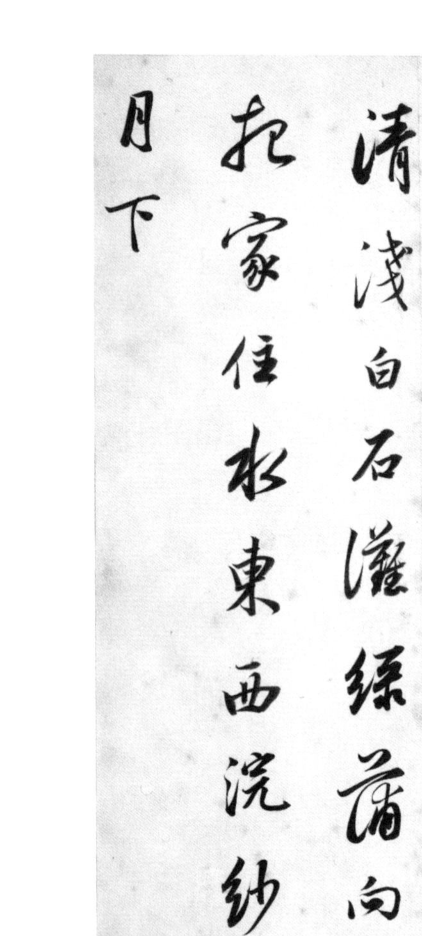
清淺白石灘綠蒲向堪
把家住水東西浣紗明
月下

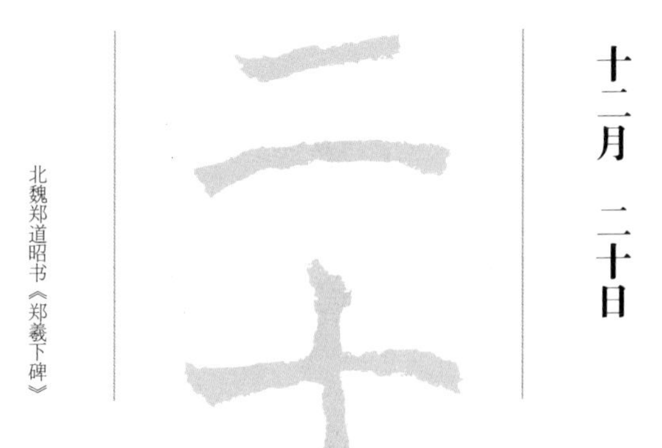

十二月 二十日

北魏郑道昭书《郑羲下碑》

明董其昌书唐王维诗《辋川集》之《白石滩》

清浅白石滩，绿蒲向堪把。家住水东西，浣纱明月下。

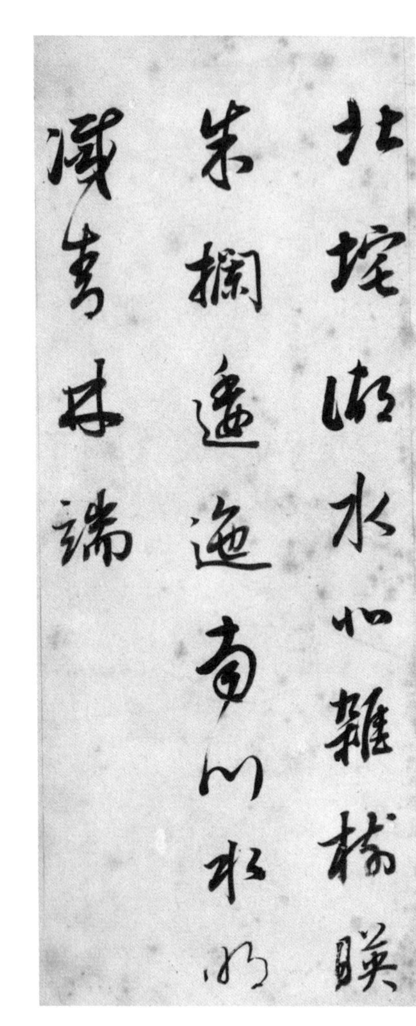

十二月 廿一日

北魏佚名书《一弗为张元祖造像记》

明董其昌书唐王维诗《辋川集》之《北垞》

北垞湖水北，杂树映朱栏。逶迤南川水，明灭青林端。

十二月 廿二日

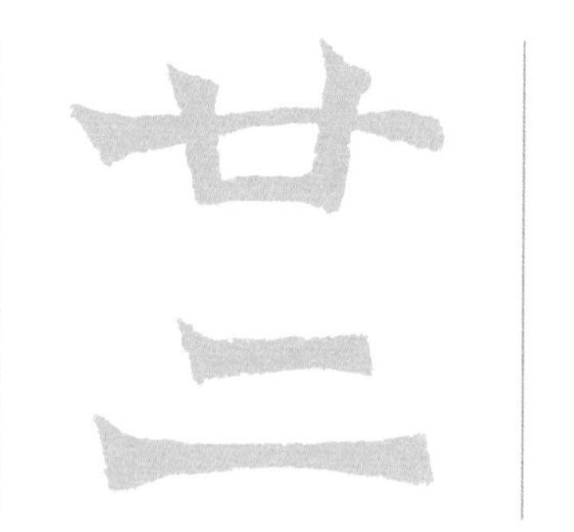

北魏佚名书《北海王元详造像记》

明宋旭绘《仿王蒙〈辋川图〉》（局部）

“元四家”之一王蒙绘制的《辋川图》失传，但是，明代画家宋旭仿有一幅传世，大体存真。在描绘《南垞》这个景点时，王蒙在堂中增添了佛像，暗示此为佛堂。虽然也有考据者认为佛堂另有地点，但是，具体在哪好像并不重要，关键是要有“佛堂”。因为，王维在母亲崔氏影响下信奉佛教，辋川别业也是他和母亲奉佛修行的隐居之地。

十二月 廿三日

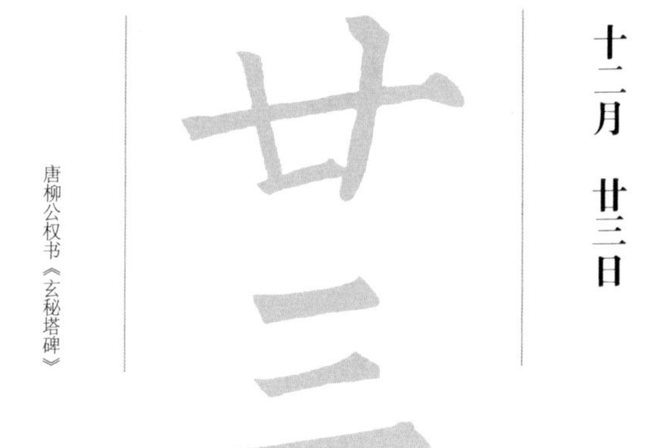

明佚名绘《仿郭忠恕摹王维〈辋川图〉卷》（局部）

明清两代，号称郭忠恕临摹的王维《辋川图》长卷丛出，折射出“辋川现象”的流行。但当今学者据现存数卷研究显示，它们大多是当时的仿品。现藏纽约大都会博物馆、旧题《郭忠恕摹王维〈辋川图〉卷》即为明人临仿之作。

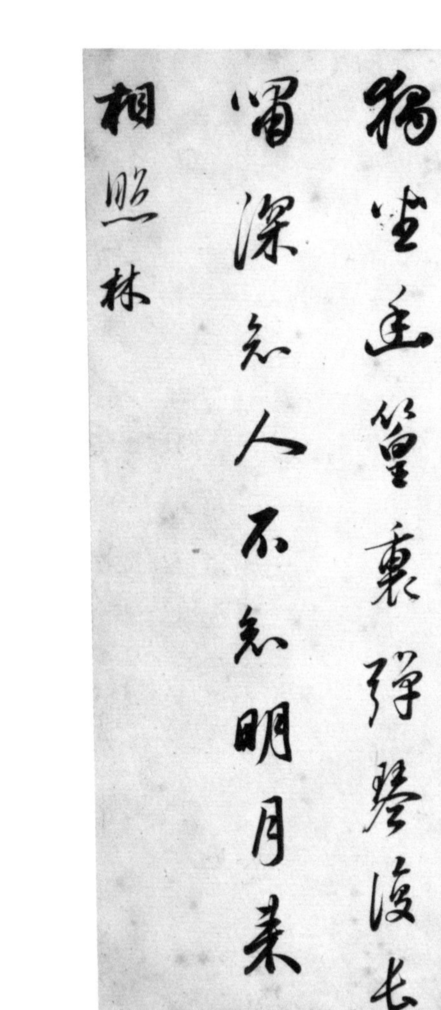

独坐幽篁里弹琴复长
啸深知人不知明月来
相照林

十二月　廿四日

唐虞世南书《孔子庙堂碑》

明董其昌书唐王维诗《辋川集》之《竹里馆》

独坐幽篁里，弹琴复长啸。深知（林）人不知，明月来相照。

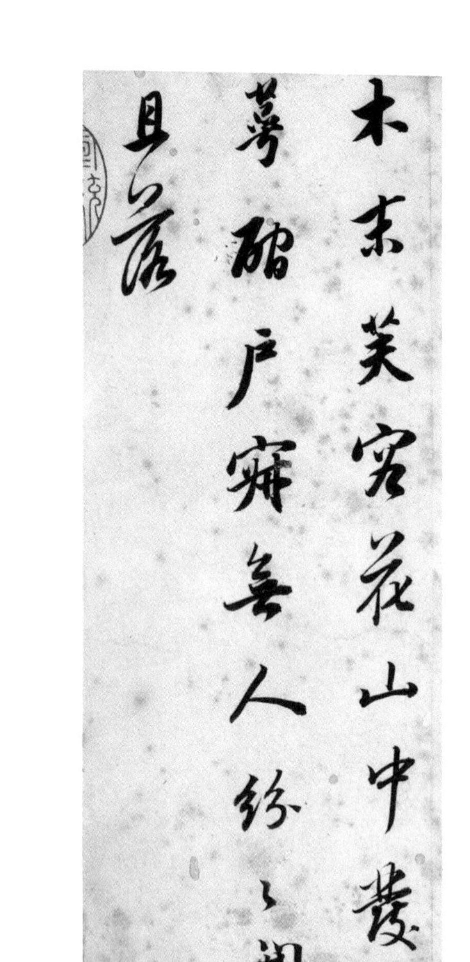
木末芙蓉花山中發紅
萼磵户寂無人紛〻開
且落

十二月 廿五日

唐柳公权书《神策军碑》

明董其昌书唐王维诗《辋川集》之《辛夷坞》

木末芙蓉花，山中发红萼。涧户寂无人，纷纷开且落。

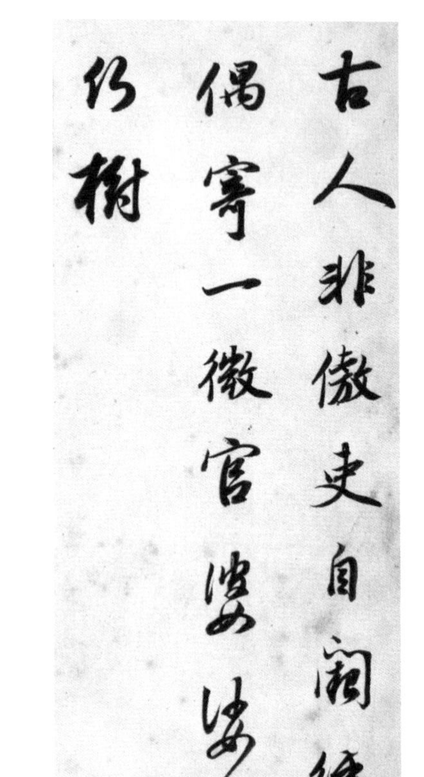
古人非傲吏自阙经世务
偶寄一微官婆娑数
株树

十二月　廿六日

北魏佚名书《刁遵墓志》

明董其昌书唐王维诗《辋川集》之《漆园》

古人非傲吏，自阙经世务。偶寄一微官，婆娑数株树。

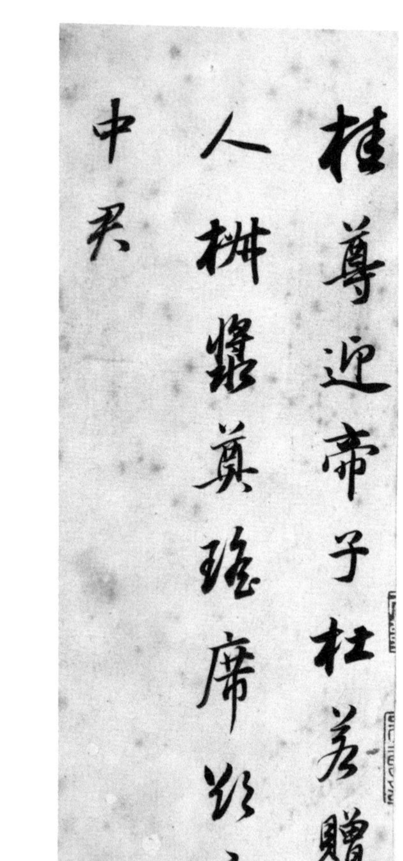
桂尊迎帝子杜若贈佳
人椒漿奠瑤席欲下雲
中君

十二月　廿七日

廿七

唐颜真卿书《麻姑仙坛记》

明董其昌书唐王维诗《辋川集》之《椒园》

桂尊迎帝子，杜若赠佳人。椒浆奠瑶席，欲下云中君。

輞川詩二十首

新家孟城口古木餘衰柳來者復為
誰空悲昔人有　孟城坳
飛鳥去不窮連山復秋色上下華子
岡惆悵情何極　華子岡
文杏裁為梁香茅結為宇不知棟裡
雲去作人間雨　文杏館
檀欒映空曲青翠漾漣漪暗入商山
路樵人不可知　斤竹嶺
空山不見人但聞人語響返景入深
林復照青苔上　鹿柴
秋山斂餘照飛鳥逐前侶彩翠時分
明夕嵐無處所　木蘭柴
結實紅且綠復如花更開山中儻留
客置此芙蓉杯　茱萸沜
仄逕蔭宮槐幽陰多綠苔應門但迎
掃畏有山僧來　宮槐陌
輕舸迎上客悠悠湖上來當軒對尊
酒四面芙蓉開　臨湖亭
輕舟南垞去北垞淼難即隔浦望人
家遙遙不相識　南垞
吹簫凌極浦日暮送夫君湖上一回
首青山卷白雲　欹湖
分行接綺樹倒影入清漪不學御溝
上春風傷別離　柳浪
颯颯秋雨中淺淺石溜瀉跳波自相
濺白鷺驚復下　欒家瀨
日飲金屑泉少當千餘歲翠鳳翊文
螭羽節朝玉帝　金屑泉
清淺白石灘綠蒲向堪把家住水東
西浣紗明月下　白石灘
北垞湖水北雜樹映朱欄逶迤南川
水明滅青林端　北垞
獨坐幽篁裡彈琴復長嘯深林人不
知明月來相照　竹里館
木末芙蓉花山中發紅萼澗戶寂無
人紛紛開且落　辛夷塢
古人非傲吏自闕經世務偶寄一微
官婆娑數株樹　漆園
桂尊迎帝子杜若贈佳人椒漿奠瑤
席欲下雲中君　椒園

海南金元師出此圖與予三十年
前張有子家觀右丞真本無不似
昔則忠恕殆神仙者流信名下無
虛也漫書二十詠于後聊思附驥
云尔大德己亥長至馮子振記

十二月　廿八日

北魏佚名书《崔敬邕墓志》

（传）元冯子振书唐王维诗《辋川集》

十二月 廿九日

清王原祁绘《辋川图卷》（局部）

从园林学角度来看，辋川别业实为“自然保护区”，其间，人、动物与自然达到高度和谐。清代画家王原祁绘制的《辋川图卷》中描绘的“鹿柴”可能是王维的养鹿之地。在《辋川集》之《鹿柴》中，王维写道：“空山不见人，但闻人语响。返景入深林，复照青苔上。”字里行间并没有鹿。但是，裴迪所作同题诗中便有了：“日夕见寒山，便为独往客。不知深林事，但有麏麚迹。”其中，“麏麚”便泛指鹿类。

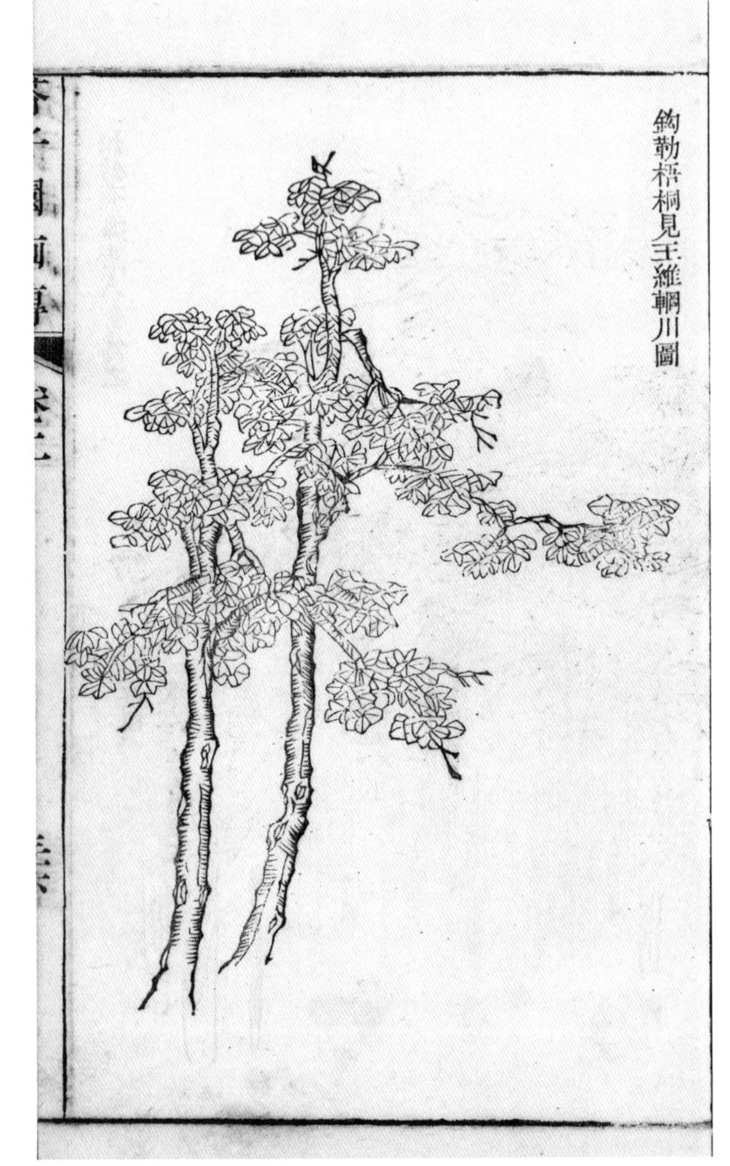

鈎勒梧桐見王維輞川圖

十二月 三十日

唐王知敬书《李靖碑》

清王槩等辑摹《芥子园画谱》内页

《芥子园画谱》是清代康熙年间由王槩等辑摹的一部雕版彩印画谱，旨在分门别类以普及中国画技法，是近 300 多年间影响力最大的中国画入门范本。可以说，画法被选入《芥子园画谱》是对作品艺术水准的高度认可。《芥子园画谱》在详解植物画法时，特意选取了出自王维《辋川图》的“勾勒梧桐”为例。不过，由于明清王维《辋川图》仿品极多，到底出自哪一种就不得而知了。

木末芙容花山中發紅蕚澗戸寂無人
紛、開且落

緑堤春草合王孫自留玩況有辛夷花
色與芙容亂　　裴迪

漆園

古人非傲吏自闕經世務偶寄一微官
婆娑數株樹

好閒早成性果此諧宿諾今日漆園游
還同莊叟樂　　裴迪

椒園

桂尊迎帝子杜若贈佳人椒漿奠瑤席
欲下雲中君

丹刺罥人衣芳香留過客幸堪調鼎用
願君垂採摘　　裴迪

萬曆五年夏五月九日為
心文呂年兄書於長安官舍時久旱得雨
風埃都淨從旦至暮成此不覺損易
第楷法不工未足為王裴二公增色耳
虎林湯焕識

十二月　卅一日

东晋王羲之书尺牍

明汤焕书唐王维、裴迪诗《辋川集》（局部）

后记

《修心日读》是在原《修心日历》的基础上升级而来。

2015 年 11 月,《2016 修心日历》面世。此后两年，它连续出版，成为方兴未艾的日历出版业的一个小品牌。自它诞生之日起，就有读者向我们表示：把这么好的内容做成日历，太可惜了。言外之意是，日历是易碎品，儒释道经典文化完全可以独立成书——一种销售周期更长的文化产品。

我们的回应就是大家面前的这本《修心日读》。从“历”到“读”，一字之变，略有门道。至于变化，主要有两点。第一，日期页在保留原版式精华的基础上，去掉具体的农历和星期，只保留公历；同时，增加手账功能，供读者随手记事。第二，图文页的内容更加系统，更加注重每日知识点之间的逻辑关系。

回头看,《修心日历》打造了一种化整为零的学习中国优秀传统文化的“3+1”日读模式：“3”即前三季度分刊中国古代书画家创作的儒释道经典主题作品，“1”即第四季度展示儒释道“三教”交集主题的作品。这种结构固然来源于“日历”，但是，当稳定和成熟时，便成为可以独立的界面。无论是“日历”，还是“日读”，变化的只是外表，内里自有坚持——坚持以儒释道经典文化为主题，坚持为读者打造修心“掌中宝”。

作为《修心日历》的华丽转身，此次推出的《修心日读》可以说是首辑，依然采取“3+1”模式。具体而言，前三季度分别以“经·典”“色·空”“境·界”为主题，集结中国历代书画名家书写的《大学》《心经》《老子》等的经典名句和相关主题绘画、图像作品；第四季度以悠久的中国山水文化为主题，配以同主题书法、绘画和器物照片。

昨有《修心日历》，今有《修心日读》。在此，我们特别感谢浙江大学出版社，以及李介一先生、王晴女士、樊堃先生、刘媛媛女士、董岩先生的指导和帮助。其中不妥乃至错漏，尚希各方指正，来自读者的任何建言，我们也会一如既往地珍惜（电子邮箱：5648503@qq.com）。

编者

2019 年 6 月